SOUVENIRS

D'UN NATURALISTE

PAR

M. A. DE QUATREFAGES

EXTRAIT

DE LA REVUE DES DEUX MONDES

LIVRAISON DU 15 AVRIL 1853

PARIS

IMPRIMERIE DE J. CLAYE ET Cie

RUE SAINT-BENOÎT, 7

1853

SOUVENIRS

D'UN NATURALISTE

LES COTES DE SAINTONGE

I. — LA ROCHELLE

Un coup d'œil jeté sur la carte géologique de France suffit pour reconnaître que nos côtes occidentales présentent deux sortes de terrains de nature bien différente. L'extrémité de la Normandie, la Bretagne tout entière et une partie du Poitou opposent à l'océan leurs roches schisteuses ou granitiques. A partir de Talmont au midi, de Saint-Vast au nord, le calcaire se montre seul ou ne disparaît que pour faire place aux sables et aux alluvions. L'étude des animaux marins m'avait d'abord conduit sur les rivages du massif central; plus tard j'avais exploré ceux du pays basque et du Boulonais. Dans ces diverses régions, l'ensemble, les populations animales, les *faunes*, pour employer l'expression consacrée, m'avaient paru présenter des différences caractéristiques en rapport avec la nature des terrains. Pour confirmer ce fait général, il fallait visiter un point intermédiaire propre à fournir les données d'une comparaison rigoureuse. J'en appelai à mes conseillers ordinaires, la carte géologique de MM. Dufrénoy et Elie de Beaumont, l'Atlas hydrographique de M. Beautemps-Beaupré, et sur leurs indications je partis pour La Rochelle. Par une de ces tristes soirées dont le froid humide semblait inaugurer l'automne en plein été, notre diligence fut hissée sur son truc. A Saumur, elle reprit ses quatre roues, et au point du jour nous roulions sur une de ces routes stratégiques qui ont ouvert le cœur de la vieille Vendée. Comme tant de choses vraiment utiles, notre petit chemin avait quelque chose de modeste. Nulle part il ne cherchait à braver ou à franchir les obstacles Se prêtant à tous les accidens du terrain, il serpentait tantôt au fond d'un vallon ombragé, tantôt sur les flancs d'une colline empourprée de bruyères en fleur. Un vrai soleil d'août pointait à l'horizon, brisait ses rayons dans le feuillage des châtaigniers, dorait les masses de granite témoins du premier cataclysme qui ait rompu l'écorce du globe, et réveillait insectes et oiseaux, qui le saluaient à l'envi. A travers le bruissement des roues et le tintement des grelots de notre équipage, on sentait le calme de la solitude, comme à Paris l'on devine le fracas de la grande ville à travers le silence d'un appartement, et ce soleil, ces chants, ce calme, pénétraient tous mes sens d'un sentiment de bien-être et de paix intime qui gagna jusqu'à mes compagnons de voyage, les plus lourds, les plus maussades que j'aie encore rencontrés.

Le soir même j'étais à La Rochelle, et dès le lendemain je me présentais chez M. d'Orbigny père, un de nos vétérans de la zoologie marine (1). Comme tous les hommes qui ont beaucoup travaillé, M. d'Orbigny accueille de grand cœur quiconque suit ses traces. Sur mon titre de naturaliste, je fus reçu en vieil ami. Bientôt je fus en relations avec quelques hommes dévoués aux sciences naturelles; je visitai le musée, où se réunissent, grâce à leurs efforts, les productions diverses que le département de la Charente-Inférieure emprunte aux trois règnes de la nature, collection du plus grand intérêt où l'on embrasse d'un coup d'œil la faune locale tout entière, et, guidé par ces indications, je voulus me mettre tout de suite au travail. Malheureusement j'étais arrivé en pleine *morte-eau;* la mer découvrait à peine les zones supérieures du rivage, et cette circonstance, jointe à la pauvreté des côtes, me réduisit d'abord à l'inaction. Pour combler ces loisirs forcés, je me rejetai sur l'histoire et me mis à étudier sur place le passé de cette ville, à qui il n'a manqué peut-être, pour jouer le rôle d'une des grandes républiques italiennes, que de ne pas se trouver écrasée entre la France et l'Angleterre.

(1) M. d'Orbigny, médecin d'abord à Énandes, puis à La Rochelle, s'est occupé d'histoire naturelle avec un zèle et une persévérance bien rares. Non content de ramasser et de décrire lui-même un grand nombre d'animaux marins, il fut un des correspondans les plus actifs de Cuvier, et c'est à lui que la ville de La Rochelle doit en grande partie la fondation de son musée départemental. Les quatre fils de M. d'Orbigny se sont occupés, à des degrés divers, de la science si chère à leur père. Deux d'entre eux n'ont pas voulu avoir d'autre carrière, et personne n'ignore que M. Alcide d'Orbigny a conquis une réputation justement méritée par un beau voyage dans l'Amérique méridionale et par ses importans travaux de paléontologie.

Comme Venise, La Rochelle s'est élevée au milieu des eaux et s'est peuplée de proscrits. La mer, avançant bien au-delà de ses limites actuelles, entourait de trois côtés une roche basse formant un petit cap allongé qui semblait sortir de vastes marais (1). Quelques cabanes groupées au pied d'une tour à côté d'une chapelle, et habitées par de pauvres pêcheurs, s'élevaient sur cette espèce d'îlot. Voilà ce que fut La Rochelle jusqu'au commencement du XIIe siècle. A cette époque, les serfs de Chatelaillon et de Montmeillan, fuyant leur territoire dévasté par la guerre ou envahi par l'océan, vinrent chercher un refuge sur ce promontoire écarté. Ils y furent joints par une colonie de *colliberts* chassés du Bas-Poitou, et dès 1152 il fallut bâtir une nouvelle église (2). A partir de cette époque, l'importance de La Rochelle s'accrut rapidement. Après son mariage avec Eléonore d'Aquitaine, Henri II, jaloux de s'assurer la fidélité d'une ville peuplée de hardis marins et de riches marchands, l'éleva au rang de commune et lui accorda des priviléges considérables. Plus tard, Eléonore lui octroya de nouvelles franchises et organisa cette municipalité énergique et vivace qui lutta contre des têtes couronnées, et qui dura plus de quatre cents ans (3).

Le *corps de ville* de La Rochelle se composait de vingt-quatre échevins et de soixante-seize pairs, dont la charge était viagère. Cette espèce de sénat se recrutait lui-même par voie d'élection. En outre, chaque année, il prenait dans son sein trois candidats parmi lesquels le roi ou son représentant était tenu de choisir le maire, qui, pendant toute la durée de sa charge, exerçait une véritable souveraineté. Le roi de France nommait, il est vrai, un lieutenant-général civil et criminel; mais ce fonctionnaire ne pouvait lever le moindre impôt, et ses prérogatives se bornaient à la nomination du maire et à la présidence de tribunaux entièrement rochelais. Le gouverneur militaire, laissé également à la nomination du roi, ne pouvait rien ordonner aux milices urbaines ni faire entrer un seul soldat dans la ville sans la permission du maire et des échevins. On voit que ces priviléges faisaient de La Rochelle une vraie république, tout aussi libre et en réalité tout aussi peu dépendante de la couronne que les grands fiefs eux-mêmes.

Grâce à ces institutions et aux hommes remarquables qu'elle sut

(1) Ce banc de rocher, sur lequel furent construits la tour et plus tard le château, valut à cette ville le nom latin dont le nom actuel n'est qu'une traduction : *Rupella*, petit rocher.

(2) *Histoire de la Ville de La Rochelle et du pays d'Aulnis, composée d'après les auteurs et les titres originaux*, par M. Arcère de l'Oratoire, 1756.

(3) La constitution rochelaise fut assez profondément modifiée par François Ier en 1535, et rétablie dans sa forme primitive treize ans après, par Henri II. A part cette espèce de suspension, elle s'est conservée presque sans changement de 1198 jusqu'à 1628.

mettre à sa tête, La Rochelle devint promptement une véritable puissance. A la fois trafiquante et guerrière, elle sut au besoin transformer ses navires de commerce en vaisseaux de guerre, et ses matelots, devenus soldats, méritèrent, depuis les temps de Duguesclin jusqu'à ceux du duc de Guise, les épithètes de *rusés soudards* et de *braves gens*. Aussi, pendant le moyen âge, joua-t-elle à diverses reprises un rôle politique important. On la voit, entre autres, faire une guerre heureuse aux rois d'Aragon, chasser les Anglais, à qui le traité de Brétigny l'avait livrée, et venir en aide à Duguesclin, — résister aux Anglais et aux Bourguignons pendant la démence de Charles VI, et fournir à Charles VII la flotte qui l'aida à reconquérir Bordeaux. Pendant cette longue période, l'esprit qui anime La Rochelle reste toujours le même, et peut se traduire en deux mots : — attachement sans bornes à ses priviléges, fidélité inaltérable au roi qui les garantit. — La république revendique comme un honneur son titre de vassale de la couronne; en revanche, elle demande qu'avant d'entrer dans ses murs, le suzerain jure de respecter ses libertés. A cette condition seule, le maire coupe le cordon de soie tendu devant la porte de la ville; mais aussi, à cette condition, La Rochelle ne marchande jamais ni sang ni or, et la couronne trouve toujours en elle un de ses plus fidèles, de ses plus utiles appuis. Mais un jour l'épée de Montmorency tranche le cordon qu'avaient respecté tant de rois, et Charles IX entre, sans prêter le serment voulu, dans La Rochelle, devenue protestante. La marche de la société, l'antagonisme des croyances religieuses, ont rompu l'accord consacré par trois siècles de dévouement d'une part, de bienveillance de l'autre. La guerre éclate et se poursuit, tantôt sourde, tantôt ouverte. Alors La Rochelle semble puiser un surcroît d'énergie dans l'association d'une forme politique vieillie et d'une foi nouvelle. Pendant près de cent ans, elle lutte, toujours avec honneur, souvent avec succès. Deux fois elle voit devant ses murs toutes les forces du royaume, et si enfin elle succombe, ce n'est que devant le génie inflexible et patient de Richelieu.

Parmi les événemens qui signalent la triste période de nos guerres religieuses, il en est peu qui égalent en importance les deux siéges de La Rochelle par les troupes royales. L'insuccès du premier releva le parti calviniste au lendemain même de la Saint-Barthélemy, et arracha à Charles IX, un an à peine après ce grand forfait, un des édits les plus favorables qu'eussent encore obtenu les réformés. L'issue du second détruisit la dernière citadelle des protestans, et les fit rentrer de force dans la loi commune. A partir de cette époque, le protestantisme ne fut qu'une religion et non plus un parti politique. Aussi le récit de ces deux siéges occupe-t-il une large place dans les annales de La Rochelle; nous allons en rappeler les traits principaux.

Tenus en défiance par les préparatifs qui se faisaient à leurs portes sous prétexte d'une expédition en Floride, les Rochelais n'avaient cru qu'à demi à la paix de Saint-Germain. Les massacres du 24 août 1572 les trouvèrent donc sur leurs gardes, et aux premières nouvelles ils se préparèrent à défendre courageusement leur vie et leur religion (1). Le maire, Jacques-Henri, mit la ville en état de défense et arma tous les habitans. Paris, Orléans, Tours, Bordeaux, Castres, Nîmes, lui envoyèrent une foule de calvinistes échappés au fer des assassins, et ces réfugiés formèrent le redoutable corps des *enfans-perdus;* mais malgré tout leur courage, ces soldats inexpérimentés auraient difficilement tenu tête aux troupes royales, si un événement assez inattendu ne leur fût venu en aide. Après bien des refus, le brave Lanoue, nommé par Charles IX gouverneur militaire de La Rochelle, avait accepté cette charge. Également dévoué à son roi et à ses coreligionnaires, — Lanoue était calviniste, — il partit, promettant de tout faire pour amener la ville à se soumettre, mais déclarant en même temps que jusqu'à la paix il l'aiderait de ses conseils et *de son épée.* Lanoue tint parole aux deux partis. Nommé *gouverneur pour les armes* par les Rochelais et investi sous ce titre d'une véritable dictature militaire, on le vit constamment payer de sa personne comme chef et comme soldat contre les troupes royales, en même temps qu'il prêchait sans cesse la soumission au roi. Malheureusement, ce rôle étrange, si loyal dans ses apparentes contradictions, ne pouvait se soutenir longtemps au milieu des passions violentes qui dominaient à la cour et dans La Rochelle. Bientôt Lanoue eut perdu toute autorité, et, vers le milieu du siége, il sortit de la ville avec le regret de n'avoir pu remplir sa mission. Le départ de leur brave chef eût pu être fatal aux Rochelais; mais il leur laissait une forte organisation militaire, des bandes aguerries et disciplinées par lui, des chefs dont le courage s'était éclairé de son expérience, et ce n'est peut-être pas exagérer que d'attribuer en partie le triomphe de La Rochelle au séjour de quatre mois que Lanoue avait fait dans ses murs.

Déjà le territoire de La Rochelle avait été envahi et la place investie, lorsque le duc d'Anjou vint prendre le commandement du siége. Avec le vainqueur de Jarnac et de Montcontour arrivaient le duc d'Alençon, son frère, et Henri de Navarre. Autour d'eux se pressaient l'élite de la noblesse française, le prince de Condé, les ducs de Nevers, de Longueville, de Guise et de Mayenne; le duc d'Aumale, le héros catholique de *la Henriade*, à qui Charles IX avait confié la direction du

(1) *Histoire du siége de La Rochelle par le duc d'Anjou en* 1573, par A. Genet, capitaine du génie. L'auteur de cette relation, faite surtout au point de vue militaire, a réuni dans un travail tous les documens laissés sur ce siége. C'est de lui et du père Arcère que nous avons extrait le résumé qu'on va lire.

siége; les maréchaux de Brissac et de Montluc; le comte de Retz, l'amiral Strozzi, Gonzague, Crillon, Tallard, Goas, Brantôme, qui devait plus tard raconter ces guerres où il avait joué un rôle, et une foule de gentilshommes jaloux de se signaler sous les yeux de ces illustres chefs, avides de porter les derniers coups au parti calviniste.

Entourée aux trois quarts par la mer ou des marécages, La Rochelle ne pouvait être attaquée que par son côté nord. Là aussi seulement se trouvaient quelques fortifications modernes, et entre autres le bastion de la Vieille-Fontaine et celui de l'Evangile, que surmontait le cavalier de l'Epître. Ce fut en face de ce dernier que la tranchée s'ouvrit dans la nuit du 26 au 27 février 1573. Bientôt 60 pièces de siége tonnèrent sans relâche contre La Rochelle. Les tours et les clochers crénelés tombèrent l'un après l'autre. Le duc d'Anjou, croyant alors les assiégés frappés de terreur, les fit sommer de se rendre. Pour toute réponse, une double sortie ordonnée par Lanoue alla détruire en partie les travaux commencés. Les Rochelais ripostaient de leur mieux, et le 3 mars un boulet emporta le duc d'Aumale. Cette mort fut une grande perte pour les assiégeans. Elle leur enleva un chef aussi expérimenté que brave, exalta le courage des assiégés, terrifia la cour de France, et arracha à Catherine une lettre où elle se montre mère bien plus tendre qu'on ne le croit généralement (1).

Jacques-Henri n'était plus maire: à l'expiration de sa magistrature, il avait été remplacé par Morisson, qui se montra son digne successeur. Les tranchées avaient atteint le fossé, qui devint le théâtre journalier de combats sanglans. 13,000 coups de canon avaient bouleversé le haut des remparts et ruiné en partie le bastion de l'Évangile. Alors les assiégeans construisent un pont mobile qui leur permettra de gagner le pied de la brèche à l'abri du feu des casemates. De leur côté, les assiégés fabriquent *l'encensoir*, espèce de bascule destinée à verser des chaudrons de poix bouillante sur les assaillans. De part et d'autre, tout se prépare pour un premier assaut. Il est livré le 7 avril. Malgré les ordres formels du duc d'Anjou et de Gonzague, qui dirigeait le siége depuis la mort du duc d'Aumale, la noblesse se mêle aux soldats chargés de la première attaque. Guise, Clermont, Tallard, Tavannes et Crillon s'élancent dans le fossé et courent aux casemates, dont ils s'emparent d'abord; mais le capitaine Duverger Beaulieu revient sur ses pas, et Guise est forcé de reculer, emportant Tallard blessé mortellement et laissant derrière lui de nombreux cadavres. Sur la brèche, Caussens et Goas ont rencontré Rochelais et Rochelaises. Celles-ci lancent des artifices, manœuvrent *l'encensoir* et rivalisent avec les hommes de courage et

(1) Cette lettre est en entier dans l'ouvrage du père Arcère.

de mépris pour la mort. En vain les royalistes déploient une égale valeur, en vain de nouveaux renforts viennent combler leurs pertes, en vain quelques gentilshommes, mêlés à de simples soldats, atteignent-ils le sommet de la brèche; ils sont aussitôt précipités au milieu des décombres, et lorsqu'à la nuit tombante le duc d'Anjou fait sonner la retraite, il peut compter plus de 300 morts et un nombre infini de blessés, entre autres Tallard, qui mourut quelques jours après, Gonzague, Strozzi, Goas, et la plupart de ces gentilshommes que leur courage irréfléchi avait conduits au premier rang.

Le 8 et le 10 du même mois, les mêmes efforts sont tentés par les assiégeans avec un résultat tout pareil. Le 14 est désigné pour un quatrième assaut. Les mines placées sous le bastion de l'Évangile doivent donner le signal. Ces mines sont chargées et bourrées sous les yeux du duc d'Anjou entouré de toute sa cour. L'explosion emporte toute la pointe du bastion, en même temps que les débris, retombant sur l'armée royale, écrasent, au dire de Brantôme, plus de 250 soldats ou pionniers. Les bataillons d'attaque s'élancent pour profiter d'un passage si chèrement acheté, mais ils trouvent sur la brèche des adversaires aussi résolus que les jours précédens. Rien ne peut entamer ce rempart vivant, et aux victimes de l'explosion les royalistes ont à ajouter les morts nombreux restés sur les débris fumans du bastion.

Quelque temps suspendues par l'apparition d'une flotte anglaise qui s'éloigna sans tirer un coup de canon, les opérations reprennent bientôt avec une activité extrême. Les royalistes reçoivent des renforts considérables et serrent de plus près la ville, où règne bientôt la famine. Chaque jour, de sanglantes escarmouches ont lieu tantôt dans les fossés, tantôt sur les plages laissées à sec par le reflux et où une population affamée va chercher les coquillages, devenus presque son unique nourriture. Des surprises de tout genre sont tentées, et l'une d'elles, faite de nuit par Sainte-Colombe, est près de réussir. De nouvelles mines bouleversent le bastion de l'Évangile, qui résiste le 28 avril à un cinquième assaut. Le duc d'Anjou recourt alors à des attaques générales. Le 17 mai, au moment de la basse mer, La Rochelle est assaillie sur tous les points et toujours sans succès. On recommence le 26 du même mois, et cette fois tous les chefs royalistes veulent payer de leur personne. Montluc est chargé du commandement en chef, Strozzi et Goas montent les premiers à la brèche à la tête de 6,000 Suisses qui viennent d'arriver au camp. Derrière eux viennent les gentilshommes guidés par le prince de Condé et les ducs de Guise et de Longueville. Les Rochelais les reçoivent avec leur intrépidité ordinaire, et tout d'abord Strozzi est blessé d'un coup d'arquebuse. Les soldats reculent, et l'assaut est interrompu. Il recommence

*

bientôt plus furieux. La noblesse a pris la tête et s'élance avec une sorte de désespoir sur cette brèche toujours ouverte, toujours inabordable; mais en vain s'épuise-t-elle en valeureux efforts, en vain cinq fois repoussée, revient-elle cinq fois à la charge. Après avoir vu tomber 28 capitaines à côté de plus de 1,000 soldats, le duc d'Anjou fait sonner la retraite et s'avoue vaincu une septième fois.

Ce dernier insuccès avait terrifié l'armée royale. Plusieurs jours se passent à réveiller l'énergie des soldats. Enfin un huitième assaut est décidé, et, pour en assurer le succès, on adopte le plan du duc de Nevers, qui veut user à la fois de ruse et de force. Pendant toute la nuit du 12 juin, de fausses attaques tiennent la garnison sur pied, toutes les batteries tonnent et foudroient la ville. A l'aube, le feu se ralentit, s'éteint peu à peu et tout semble rentrer dans le repos. Les assiégés, trompés par ce calme menteur, vont se reposer, ne laissant aux murailles qu'une faible garde, qui elle-même succombe à la fatigue et s'endort. Alors s'ébranle l'élite de l'armée assiégeante. Guise se dirige vers le bastion de l'Évangile, Henri de Navarre vers celui de la Vieille-Fontaine. Des échelles sont dressées en silence contre les murs de ce dernier; elles sont gravies, et déjà les royalistes se groupent dans le chemin de ronde, lorsqu'un cri de triomphe prématuré réveille un poste de Rochelais. Aussitôt ceux-ci s'élancent sur les assaillans, tuent tous ceux qui ont gravi le rempart et renversent les échelles au moment même où Strozzi et le duc de Longueville y mettaient le pied. De son côté, Guise avait enfin escaladé la brèche, il était entré dans le bastion de l'Evangile; mais là il découvre un nouveau fossé, un nouveau rempart élevé à l'intérieur pendant le siége, et, à l'aspect de ces obstacles imprévus, ses soldats épouvantés jettent leurs armes et fuient sans même essayer de combattre.

Cette fois La Rochelle était sauvée. Tant d'échecs successifs avaient porté à son comble la démoralisation de l'armée royale. Des maladies s'étaient déclarées dans le camp et décimaient les soldats. Les plus fermes capitaines étaient découragés. Le duc d'Anjou, qui venait d'être élu roi de Pologne, qui avait dans son camp les ambassadeurs chargés de l'amener dans ses nouveaux états, désirait un accommodement qui sauvât au moins les apparences et lui permît de s'éloigner. Catherine tremblait pour la vie et la gloire de son fils préféré. Des négociations sérieuses s'ouvrirent, et comme premier gage de bonne foi, les Rochelais obtinrent que les assiégeans détruiraient tous leurs travaux d'attaque. Enfin Charles IX signa l'édit de pacification. Les Rochelais avaient conquis la liberté de conscience non-seulement pour eux, mais encore pour tous leurs coreligionnaires du royaume. Malheureusement cette paix fut aussi boîteuse que les précédentes. Les hostilités recommencèrent bientôt. Suspendues tant que régna Henri IV, elles se réveillèrent presque aussitôt après le crime de Ravaillac. La construction du Fort-Louis, qui dominait et battait la ville, devint pour les Rochelais une cause incessante d'inquiétude et d'irritation. Chaque nouveau traité avait beau renfermer une clause spéciale qui promettait la démolition de cette citadelle, elle restait toujours debout, rappelant la sinistre prédiction de Lesdiguières : « Il faut que la ville avale le fort, sinon le fort avalera la ville. » Enfin, en 1627, Richelieu parut devant La Rochelle, et dès les premiers jours les habitans durent comprendre que c'en était fait de la vieille république d'Éléonore.

Le siége de 1573 avait eu les caractères d'une époque où la tradition chevaleresque ne s'était pas encore effacée. C'est de haute lutte que les capitaines du duc d'Anjou avaient voulu réduire la ville rebelle. Prodigues de leur propre vie, ils avaient peu marchandé celle de leurs soldats. La fureur de l'attaque, l'énergie de la résistance, expliquent la nature et l'énormité des pertes éprouvées par les deux partis, surtout par l'armée royale (1), en même temps qu'elles per-

(1) Voici, d'après les documens officiels recueillis par M. Genet, la composition et les pertes des deux armées.

Le recensement fait par Lanoue le 9 février porte :

Compagnies urbaines.	8	de 200	hommes.	1,600 hommes.
Grandes compagnies d'étrangers réfugiés. .	5	120	—	600
Petites compagnies d'étrangers réfugiés. . .	4	50	—	200
Compagnie du maire, formée de tout le corps de ville et des principaux habitans. . . .	1	»	—	150
Compagnie de cavalerie.	1	»	—	200
Compagnie de gentilshommes et officiers. .	1	»	—	100
Compagnie de pionniers.	2	125	—	250
Totaux. . . .	22 compagnies. . .			3,100 hommes.

L'armée royale avait reçu à diverses reprises et avant les derniers assauts :

Infanterie.	27,000 hommes.
Suisses.	6,000
Cavalerie.	1,500
Canonniers.	300
Pionniers.	3,000
Charretiers conducteurs.	600
Troupes de marine.	2,000
Total.	40,600 hommes.

Les Rochelais eurent environ 1,300 bourgeois ou réfugiés tués, parmi lesquels il faut compter 28 pairs ou échevins. Le maire, Morisson, dont l'énergie et l'activité aidèrent si puissamment au salut de la patrie, mourut, peu de jours avant la levée du siége, des suites de ses fatigues.

L'armée royale perdit en tout 22,000 hommes. Plus de 10,000 avaient péri sur la brèche ou dans diverses rencontres, et parmi eux on compte 200 officiers, 50 capitaines dont le nom avait marqué dans les guerres précédentes, et 5 mestres de camp.

On voit que les pertes durent être dans les deux partis presque proportionnelles au

mettent de comprendre le résultat de l'entreprise. Cette manière de combattre laissait une chance à l'héroïsme, et cette chance avait été pour les Rochelais. Imiter le duc d'Anjou, c'était vouloir se heurter aux mêmes obstacles et s'exposer à échouer comme lui. Aussi Richelieu, décidé à détruire en France le parti protestant, qu'il soutenait en Allemagne, suivit-il dès l'abord une tout autre tactique. Pour ne rien laisser au hasard dans ce terrible jeu de la guerre, il changea le siége en blocus. Par ses ordres, un fossé de six pieds de profondeur, de douze de largeur et de trois lieues de développement, fut creusé autour de La Rochelle, et vint déboucher des deux côtés à l'entrée de la baie. Derrière ce fossé s'éleva un parapet flanqué de dix-sept forts et d'un plus grand nombre de redoutes armées d'une formidable artillerie. Quarante mille hommes d'élite commandés par les plus habiles généraux du royaume campèrent en dehors de ces lignes avec ordre de ne combattre que pour repousser les assiégés, et des châtimens sévères infligés aux plus ardens apprirent bientôt à l'armée que c'était là un ordre sérieux. Tranquille du côté de la terre, Richelieu s'occupa de la mer. L'anse au fond de laquelle était bâtie la ville séparait les deux extrémités de l'enceinte précédente par un canal d'environ quatorze cents mètres que les navires de La Rochelle franchissaient malgré le feu des batteries et des forts, que pouvaient tenter de traverser les Anglais, ces douteux alliés de la commune : Richelieu résolut de le barrer. Sous ses yeux, Clément Métézeau enfonça des pilotis, submergea des navires chargés de pierres, et éleva sur ces fondations une digue dont la hauteur dépassait celle des plus hautes marées. Un goulet de quelques toises laissé au milieu fut défendu par deux petites jetées accessoires chargées de bouches à feu, par deux forts et par une triple enceinte de vaisseaux de guerre toujours prêts au combat, de poutres reliées par des anneaux de fer, et de navires à l'ancre dont les proues tournées vers le large et armées de longs éperons devaient arrêter les brûlots et les *foudroyans* (1). Cela fait, Richelieu attendit avec la patience qu'inspire la certitude du succès.

En effet, la chute de La Rochelle n'était plus qu'une question de temps. Ses habitans, séquestrés ainsi d'une manière absolue, eurent bientôt épuisé tout ce qu'ils possédaient de vivres. La famine devint horrible. Les détails transmis à ce sujet par divers témoins oculaires sont effroyables. Après avoir mangé les plus immondes animaux, après avoir essayé de remplacer le blé par des os et du bois pilés, la viande

nombre, et que ce siége coûta la vie à peu près à la moitié de ceux qui y prirent part soit comme assiégeans soit comme assiégés.

(1) Espèces de mines flottantes, formées avec des navires maçonnés à l'intérieur, que l'on plaçait près d'une digue pour la renverser par l'explosion.

par du cuir et du parchemin, les Rochelais en vinrent à tromper leur faim avec du plâtre et des ardoises broyées. Plusieurs se nourrirent de cadavres, et l'on vit une femme mourir en dévorant son propre bras. Les morts tombés dans les rues y pourrissaient sans sépulture. Les vivans, *couverts d'une peau noire et retirée que les os écorchaient*, éprouvaient d'atroces douleurs au moindre contact. Vers les derniers temps du siége, il mourait jusqu'à *quatre cents* personnes par jour. Aussi, lorsque après quatorze mois et seize jours de siége Louis XIII fit son entrée dans La Rochelle, il ne put retenir ses larmes à l'aspect de tant de souffrances, dont les preuves frappaient ses yeux malgré les précautions prises pour lui en éviter le spectacle (1). 5,000 Rochelais seulement le reçurent en criant grâce. Des 28,000 habitans que la ville renfermait au commencement du siége (2), 23,000 étaient morts de faim (3)!

Une population entière atteint difficilement ce degré d'héroïque constance, si elle n'est soutenue par un homme d'élite qui lui souffle sa propre énergie; ici cet homme fut Jean Guiton. Issu d'une famille d'échevins, fils et petit-fils de maires, ce célèbre Rochelais s'était d'abord exclusivement occupé des soins exigés par son commerce et par une fortune quelque peu embarrassée (4); mais, nommé amiral à l'âge de trente-neuf ans, il déploya tout à coup de véritables talens militaires et une indomptable fermeté. Pour son début, on le voit assaillir la flotte royale deux fois plus forte que la sienne, la mettre en fuite et lui prendre plusieurs navires. Plus tard, avec 5,000 hommes et 500 canons, il attaqua le duc de Guise, dont les vaisseaux, plus forts et armés de canons d'un plus gros calibre, portaient 14,000 hommes et 643 bouches à feu. Ce fut une bataille acharnée : 14,000 coups de canon furent tirés en deux heures, et les deux amiraux coururent les plus grands périls. La nuit vint interrompre cette lutte inégale. Au lieu d'en profiter pour fuir, Guiton et ses Rochelais restèrent en place, prêts à recommencer le lendemain. Au point du jour arriva la nouvelle que la paix était signée. Alors Guiton alla saluer le duc de

(1) La Rochelle se rendit le 29 octobre 1628, mais le roi ne rentra dans ses murs que le 1er novembre. Ces deux jours furent employés à nettoyer les rues, à enterrer les cadavres et à distribuer des vivres à ce qui restait d'habitans.

(2) Recensement officiel fait par le maire Jehan Godeffroy.

(3) Un millier de personnes moururent encore des suites de leur misère, après la reddition de la place. Ainsi de la population primitive de La Rochelle il ne resta qu'environ quatre mille âmes.

(4) *Jean Guiton, dernier maire de l'ancienne commune de La Rochelle*, par P.-S. Callot, ex-maire de la même ville, 1847. Dans ce travail, très-curieux à plus d'un titre, l'auteur a reconstruit, à l'aide des pièces originales conservées à La Rochelle, l'histoire entière de Guiton et de sa famille avant et après le siége de 1628, histoire qui était complétement oubliée.

Guise, et lui offrit son étendard comme au représentant du roi de France. Guise le refusa, déclarant qu'il ne l'avait pas gagné au combat. Il embrassa Guiton, et dit aux capitaines rochelais : « Vous estes de braves gens d'avoir ozé combattre si vaillamment; c'est à quoy je ne m'attendais pas, et estimais que, voyant une armée si puissante, vous deussiez vous retirer sans combattre. » — « Monseigneur, s'écria Guiton, jusqu'ici Dieu m'a faict cette grâce de n'avoir jamais tourné le dos au combat, et je me fusse plustôt perdu par le feu que de fuir. »

Tel était l'homme que les Rochelais choisirent pour chef lorsque, assiégés depuis neuf mois et déjà à bout de ressources, ils voulurent raffermir leurs propres courages. Il fallut un dévouement plus qu'ordinaire pour accepter une pareille tâche, et l'on comprend les hésitations de Guiton; mais, une fois engagé, il ne faiblit pas un instant. Au milieu des scènes affreuses que nous avons rappelées, il montrait à ses concitoyens un front toujours calme, presque gai. Administration intérieure, défense de la place, négociations avec l'Angleterre et le roi, il faisait tout marcher de front. Le jour, il présidait les conseils, visitait les malades, et consolait les mourans; la nuit, il faisait des rondes et commandait lui-même des patrouilles. Quelques citoyens égarés par le désespoir, comprenant bien que seul il prolongeait cette résistance désespérée, voulurent, à diverses reprises, le frapper de leurs poignards, et tentèrent d'incendier sa maison. Guiton, sans pitié pour les espions et les traîtres, se borna à faire mettre en prison ceux qui ne s'en prenaient qu'à lui, et redoubla d'efforts et de constance. Enfin, après avoir vu la flotte anglaise se montrer deux fois sans rien tenter, après avoir eu connaissance du traité par lequel ses infidèles alliés le livraient à Richelieu, voyant sa garnison réduite à *soixante-quatorze Français et soixante-deux Anglais* (1), Guiton crut avoir fait et obtenu de ses compatriotes tout ce qui était humainement possible. Alors il demanda le premier qu'on se rendît au roi, et, oubliant tout grief personnel, il alla tirer de prison un de ses plus constans ennemis, l'assesseur Raphaël Colin, et lui remit la garde de la ville, voulant faciliter ainsi la conclusion du traité. Les conditions en furent sévères. On laissa à ce qui restait de Rochelais la vie, les biens et la liberté de conscience; mais tous les priviléges de la ville et les remparts qui la protégeaient durent tomber en même temps (2). Le maire et dix des principaux bourgeois

(1) Au commencement du siége, la garnison se composait de *douze compagnies de bourgeois* et de *cinq à six cents Anglais* auxiliaires. Nous avons vu plus haut que les compagnies urbaines étaient de 200 hommes. Sur 2,400 bourgeois armés pour défendre leur ville, il en était donc mort environ 2,326.

(2) Ces conditions, accordées par Richelieu, alors que toute prolongation de la résistance était rigoureusement impossible, précisent nettement le caractère de la lutte. Il est

furent d'abord exilés. Ils rentrèrent quelque temps après, et Guiton servit dans la marine royale avec le titre de capitaine. Il mourut à La Rochelle, âgé de soixante-neuf ans, et fut enterré près du canal de La Verdière, là même où s'élevaient ces remparts qu'il défendit avec tant de constance, en face de ce Fort-Louis, cause ou prétexte des guerres où il s'illustra, en vue de cette digue qui décida la ruine de sa patrie (1).

A l'exception de Colin et des quelques compilateurs qui ont aveuglément copié ses dires (2), tous les écrivains sont unanimes dans leurs appréciations de Guiton. Catholiques ou protestans, prêtres ou laïques, tous rendent hommage à la grandeur de son caractère, à la générosité de son cœur (3). Aussi son nom est-il resté populaire à La Rochelle, où l'on montre encore la table de marbre que Guiton frappa de son poignard en prêtant le serment de résister; aussi voulut-on, en 1841, lui élever une statue; mais le gouvernement d'alors refusa de ratifier ce vote du conseil municipal rochelais.

Il est bien difficile d'expliquer ce refus. Craignit-on d'avoir l'air de sanctionner une révolte? Ce motif serait mal fondé. Guiton et ses concitoyens n'étaient rien moins que des rebelles. Ils ne demandaient autre chose que l'exécution d'un contrat ratifié par une longue suite de rois, sanctionné par l'autorité des siècles, et que pour leur part ils avaient toujours fidèlement observé. Le manifeste publié avant le siége fut l'expression noble et parfois touchante de leurs sentimens (4). Ils adjuraient tous les souverains, princes ou républiques alliés de la couronne de France; ils rappelaient que les premiers ils avaient secoué le joug de l'Angleterre « pour ne pas être comme étrangers dans le sein de leur patrie; » mais leur ravir leurs libertés, c'était, disaient-ils, « les forcer avec violence dans le sein de l'Anglais. » Dans les plus dures extrémités, les actes de la commune rochelaise furent toujours d'accord avec son langage. Loin de se donner

bien évident qu'elle était avant tout politique, au moins aux yeux des chefs des deux partis. Si le cardinal avait obéi surtout à l'esprit catholique de son temps, il n'aurait pas laissé aux Rochelais leurs temples et leurs pasteurs. Si le *corps de ville* avait mis l'intérêt de ses croyances religieuses avant celui des franchises municipales, il n'aurait pas pris contre la domination anglaise ces précautions minutieuses et parfois offensantes, qui seules peuvent expliquer ce que la conduite de Buckingham et de ses successeurs envers leurs alliés présente d'étrange et de peu généreux.

(1) *Jean Guiton*, par P.-S. Callot.

(2) Pour juger de la croyance que mérite cet auteur, il suffit de rappeler qu'il traite Guiton de *lâche*.

(3) Pendant le siége, des fanatiques offrirent à diverses reprises d'assassiner Richelieu. Guiton repoussa ces offres avec indignation, et fit consacrer ses refus par la parole du ministre Salbert. « Ce n'est pas une telle voie, disait-il, que Dieu veut prendre pour notre délivrance; elle est trop odieuse. »

(4) *Histoire de La Rochelle*, par Arcère.

à l'Angleterre, elle rejeta toute idée d'annexion, et traita de puissance à puissance, se réservant tous les droits de souveraineté et s'engageant seulement à ne jamais faire une paix séparée. Pendant le siége, les fleurs de lis furent respectueusement conservées sur les portes, et chaque jour, au plus fort même de la famine, on priait Dieu pour la vie du roi. En un mot, fidèles malgré leur lutte armée, les Rochelais ne cessèrent de mériter le reproche que leur adressaient leurs prétendus alliés d'outre-mer, *d'avoir la fleur de lis empreinte trop avant dans le cœur*. Mais cette fidélité était subordonnée à leur attachement pour leurs priviléges, et ceux-ci, inconciliables avec les progrès de la société, avec le mouvement de fusion qu'accélérait la main puissante de Richelieu, devaient fatalement périr. La Rochelle avait incontestablement pour elle le droit ancien; le cardinal pouvait invoquer le droit nouveau, et peut-être est-il permis de dire que dans ce sanglant conflit l'attaque et la défense furent également légitimes.

Ce n'est pas, nous aimons à le croire, en qualité de protestant que Guiton s'est vu refuser la statue que voulait lui élever sa ville natale. Nos lois et nos mœurs plus encore n'accepteraient pas une pareille raison. Est-ce comme républicain? est-ce comme représentant de la prétendue alliance qui, au dire de quelques personnes, existerait entre ces deux ordres d'idées? Nous ne saurions repousser trop hautement une telle pensée. Établir une solidarité quelconque entre les doctrines politiques et la foi religieuse, c'est méconnaître l'esprit même du christianisme qui a si nettement distingué le royaume des cieux des royaumes de ce monde, Dieu de César. Pas plus que le catholicisme, le protestantisme n'est essentiellement républicain. Un coup d'œil jeté sur la carte d'Europe, un souvenir des dernières années suffisent pour prouver ce fait. Tous les grands états protestans sont des monarchies, et la couronne y est aussi solide sur la tête des souverains que dans les états les plus catholiques, qu'à Rome même.

Aujourd'hui qu'ont disparu pour toujours les causes qui firent couler tant de sang, aujourd'hui qu'une France compacte a remplacé la France morcelée d'autrefois, et que les croyans des religions les plus diverses sont égaux aux yeux de la mère commune; aujourd'hui que le fantôme de république sorti des barricades de février est tombé devant la plus éclatante des manifestations nationales, rien, ce nous semble, ne doit plus s'opposer à la réalisation d'un vœu que nous avons entendu formuler par bien des bouches sans acception d'opinions ou de croyances. Guiton fut la plus haute expression des sentimens de ses concitoyens; à ce titre, les Rochelais lui doivent une statue. L'idée de patrie s'est transformée à La Rochelle aussi bien que dans toutes nos provinces; la France peut donc sans danger rendre hommage à ce patriotisme local qui fut longtemps le seul vrai, le seul possible, et honorer dans le dernier défenseur des franchises rochelaises le courage et la fermeté portés jusqu'à l'héroïsme. Des souvenirs de cette nature sont toujours bons à réveiller.

La Rochelle ne s'est jamais entièrement relevée du coup terrible porté par Richelieu. A diverses reprises, ses relations avec le Canada, la côte d'Afrique ou Saint-Domingue ont ramené dans ses murs le commerce et la richesse; de nos jours encore, ses sels, ses eaux-de-vie, ses armemens pour la pêche, appellent dans ses bassins de nombreux navires; mais la population n'a pu encore se rapprocher de son chiffre primitif. Elle s'est à la fois réduite et transformée. La Rochelle ne renferme que 15,000 habitans; dans ce nombre, on ne compte guère que 800 protestans, et à peine quelques familles pourraient-elles suivre leur généalogie jusqu'à l'époque des siéges. Les persécutions qui commencèrent dès qu'on ne craignit plus les calvinistes, la révocation de l'édit de Nantes et les émigrations en masse qui en furent la suite, les mariages mixtes, presque toujours contractés au profit de la religion dominante, ont amené ce résultat. La ville elle-même a peu changé. Les rues sont encore bordées de *porches* ou galeries basses qui cachent les piétons et donnent à l'ensemble quelque chose de désert et de sombre bien en harmonie avec la gravité puritaine de ceux qui les bâtirent. L'hôtel-de-ville, avec sa façade de pierres tout unie, avec sa porte de forteresse, ses deux tours et son cordon de créneaux et de mâchicoulis, est bien la digne *maison commune* de ces fiers marchands qui combattirent sous Morisson et Jean Guiton; mais des remparts qui les abritèrent, il ne reste plus que trois tours conservées par Richelieu comme autant de citadelles et reliées depuis à l'ensemble des fortifications élevées d'après les plans de Vauban. A l'entrée du port, la tour de la Chaîne et le donjon massif de Saint-Nicolas se dressent comme deux sentinelles de grandeur inégale, et leurs vieilles murailles, qui datent de Charles V, évoquent tous les souvenirs guerriers de La Rochelle. La tour de la Chaîne se rattache par une étroite courtine à la tour de la Lanterne, qui conserve encore la singulière pyramide de pierres où s'allumait chaque soir le fanal destiné à guider les navires. Une route partant de cette dernière conduit, à travers les remparts, à la promenade du Mail, vaste pelouse de 600 mètres de long, encadrée de quatre rangées d'ormes séculaires, et qui se termine à mi-côte d'une colline dont le sommet commande le port et la ville. Là, on rencontre une gaie maison de campagne, une ferme et leurs jardins encaissés entre des tertres peu élevés. Ces tertres, que la charrue tend chaque année à niveler, sont tout ce qui reste du Fort-Louis, de ce fort *qui avala la ville*, et c'est à peine si l'œil peut deviner à quelques plis du terrain le plan des glacis ou la trace des fossés. La digue s'est mieux conservée : les vents et les flots en ont démoli le sommet et adouci les talus; mais quand la mer baisse, on la voit montrer une à une ses pierres bouleversées, se détacher du rivage et s'allonger peu à peu comme une ligne noire qui semble vouloir barrer encore l'entrée du port.

Entre le Mail et la mer s'étend une langue de terre naguère inculte et qu'a su mettre à profit dans un intérêt général un Rochelais que regrettent depuis peu ses concitoyens et les savans de tout pays (1). Les bains de mer fondés par M. Fleuriau de Bellevue semblent réaliser l'idéal d'un établissement de ce genre. Des constructions élégantes et simples, une large terrasse que borde en guise de parapet une haie d'arbustes entrelacés, s'élèvent au-dessus d'une falaise de quelques pieds. Au-dessous s'étend la longue file des tentes. Un plan incliné pavé de larges dalles que couvre et lave la marée met les baigneurs inexpérimentés à l'abri des galets et de la vase. Un vaste jardin anglais planté d'arbres verts, émaillé de pelouses, semé de chalets et de kiosques, se prolonge du côté de la digue et permet de choisir, au milieu même des fêtes les plus bruyantes, entre la foule et la solitude. Ce jardin fut bientôt mon lieu de repos favori. Après une longue journée de travail, j'aimais à m'asseoir la nuit dans l'ombre de quelque massif dominant la falaise, et là, tantôt à peu près seul, je me pénétrais de ce calme absolu qu'on ne connaît pas dans les grandes villes, tantôt, aux jours de réunion, j'écoutais la musique militaire jetant ses notes stridentes à la foule pressée dans les allées du Mail ou les sons joyeux de l'orchestre appelant les danseurs dans les salons, tandis qu'en face de moi la lune argentait les eaux de la baie et faisait miroiter, en leur prêtant un charme bien trompeur, les bancs de vase du chenal.

La morte-eau, qui mettait obstacle à mes courses zoologiques, ne m'avait pas empêché, dès les premiers jours de mon arrivée, de parcourir la côte pour me faire une idée de ce que je pouvais craindre ou espérer. Ces premières explorations m'inspirèrent de sérieuses inquiétudes. En effet, de mes recherches précédentes il résultait que les calcaires comparés aux schistes et aux granites sont toujours infiniment moins riches en animaux marins. A raison de leur dureté moindre, ils résistent moins bien aux chocs purement mécaniques, alors mêmes qu'ils sont en masses compactes. En outre, leur composition chimique permet à l'eau d'en dissoudre une proportion qui, pour être faible, n'en est pas moins sensible. Aussi les algues et les fucus, qui sur les côtes de Bretagne transforment le granite en buissons ou

(1) M. Fleuriau de Bellevue avait mérité par ses nombreux travaux le titre de correspondant de l'Institut (Académie des Sciences). Pendant plus de quatre-vingts ans, il consacra sa fortune entière à faire autour de lui le plus de bien possible. Aussi sa mort a-t-elle été regardée à La Rochelle comme un malheur public.

en prairies, ne peuvent se fixer solidement sur ces surfaces toujours renouvelées et sont ici beaucoup plus rares. Avec eux disparaissent une foule d'espèces animales qui se nourrissent de ces plantes marines ou trouvent une retraite dans leurs rameaux. Les mêmes conditions opposent les mêmes obstacles à la multiplication des zoophytes et des autres animaux fixés. Avec les espèces herbivores, avec celles qui vivent sur place à la façon des plantes, s'éloignent toutes les espèces carnassières qui vivent à leurs dépens. Si le calcaire est en outre formé de couches fendillées que les vagues brisent aisément, les causes précédentes exercent une action bien plus énergique, et de plus les animaux qui se cachent dans les fentes du rocher ou qui leur confient leurs œufs manquent de retraites sûres et diminuent à leur tour. Enfin si ces couches forment des plans inclinés vers la mer, les sources de toute la contrée suivent ces espèces de lits, viennent de bien loin sourdre en nappes sur le rivage, diminuent la salure des eaux qui baignent la côte et en chassent toutes les espèces les plus franchement marines. On voit que la richesse et la composition des faunes littorales dépendent de la nature minéralogique et de la structure géologique du continent. C'est là un de ces mille exemples qui nous montrent comment le règne minéral exerce une influence parfois considérable sur les deux autres, comment les êtres organisés et vivans peuvent être placés sous la dépendance des corps bruts, comment tout se tient et s'enchaîne dans l'admirable ensemble qu'étudient les naturalistes.

Toutes ces causes de dépopulation, je les voyais réunies aux environs de La Rochelle. Partout le calcaire oolitique me montrait ses assises peu épaisses, fissurées en tous sens et taillées à pic par la vague. Au pied de ces falaises s'étendaient des plateaux de la même roche formés d'ordinaire de larges gradins inclinés. Aussi, jusque sur les points les plus favorablement disposés, je trouvais une plante marine que sa couleur et la largeur de ses feuilles plissées ont fait comparer à nos laitues, et qui ne vient que dans les eaux à demi saumâtres. Jusqu'aux zones de la plus basse mer, cette ulve de mauvais augure formait de vastes plates-bandes, où des fucus tondus de près par les riverains figuraient assez bien des chicorées mal venues. Enfin un dernier signe non moins redoutable que les précédens achevait de me faire trembler pour les résultats du voyage. Depuis longtemps, j'avais reconnu qu'il n'y a rien à trouver dans la vase pure. Aussi nuisible aux œufs qu'aux individus adultes, elle étouffe les premiers en empêchant l'oxygène d'arriver jusqu'aux germes; elle ne peut être habitée par les seconds, qui ont besoin d'un terrain assez résistant pour soutenir leurs galeries. Or à La Rochelle la vase envahit tout. Dans le port, dans la baie, à peine les écluses de chasse peuvent-elles conserver au chenal la profondeur qu'exigent les grands navires de commerce. En dehors de ce canal artificiel, partout un lit de vase noire ou jaunâtre s'étend depuis les zones les plus élevées jusque bien au-dessous des limites des plus fortes marées. Jusque sur certains plateaux découverts où la vague semble devoir tout balayer, la vase atteint plus d'un pied d'épaisseur, couvre de son lourd manteau les sables, les rochers, et remplit les plus étroites fissures. A la moindre agitation, cette couche demi-fluide se délaie. Aussi le long des côtes l'eau est-elle toujours trouble; au plus léger souffle de vent, elle devient terreuse et prend aux yeux quelque chose de solide. Plus avant, la mer, sans être beaucoup plus propre, garde quelque chose de sa couleur. Son bleu, mêlé au jaune de la vase, se change souvent en un beau vert. A certains momens, quand des nuages isolés marbrent l'océan de leurs ombres et qu'une brise légère le creuse de sillons, cette lumière brisée produit une illusion étrange : on dirait une vaste plaine dont les premiers plans seraient de terre à froment fraîchement labourée et qui déroulerait jusqu'à l'horizon un tapis de fraîches prairies.

Plusieurs causes concourent à accumuler dans les eaux de la Saintonge cette masse de particules terreuses. Du nord au midi, de la pointe de l'Aiguillon à la pointe de Fouras, les îles de Ré, d'Aix et d'Oleron forment comme une espèce de digue interrompue qui longe la côte et en est séparée par un canal irrégulier très rétréci au sud. Plusieurs rivières, entre autres la Charente, la Sèvre niortaise et la rivière de Saint-Benoît, se déchargent dans ce bassin, et leurs courans, dirigés à l'encontre l'un de l'autre par la situation des embouchures, par la disposition des côtes, se neutralisent mutuellement. Ainsi les détritus, enlevés aux terrains marécageux qu'elles parcourent, ne peuvent être chassés en pleine mer et restent sur place. Pour sa part, la mer travaille de deux manières à maintenir et à augmenter cet envasement. Jusque bien loin de cette côte, elle ne présente qu'une faible profondeur, et son fond, composé de couches semblables à celles des terres voisines, est facilement attaqué même par des marées ordinaires. Celles-ci pénètrent dans l'espace que circonscrivent les îles et la côte par trois *pertuis* ou détroits (1), rencontrent sur leur passage des plateaux sous-marins, en enlèvent toujours quelque chose, et leurs courans, heurtés l'un par l'autre, ne servent qu'à refouler vers la plage de nouveaux détritus. Cette cause agit avec une bien autre puissance lorsque les vents du large poussent vers le continent les hautes vagues de l'Atlantique. Alors le fond est bouleversé

(1) Ces détroits sont le Pertuis Breton, entre l'île de Ré et la côte; le Pertuis d'Antioche, entre les îles de Ré et d'Oleron; le Pertuis de Maumusson, entre l'île d'Oleron et le continent.

par ces masses liquides; les falaises formées de roches peu résistantes cèdent aux chocs redoublés qui ébranlent et rongent leur base, s'éboulent par larges pans et ajoutent leurs débris réduits en poussière à ceux que les flots ont arrachés au sol même de l'océan. Ainsi s'accomplit tout le long de cette côte un double travail d'érosion et d'envasement dont on peut constater les résultats aux portes mêmes de La Rochelle.

En effet, des documens que nous a transmis le moyen âge il résulte que le bourg primitif était entouré d'eau à peu près de toute part (1). L'ancien port était situé à l'opposite du port actuel, près de la vieille porte Neuve, et un vaste marais étendu à l'orient achevait de transformer en île le centre de la ville moderne. Depuis longtemps le vieux port est comblé, et le marais asséché a été compris dans la ville; mais là ne s'est pas arrêté l'envahissement. On trouve dans l'ouvrage du père Arcère deux plans, l'un de 1573, l'autre de 1756. Dans le premier on voit la mer s'étendre en ligne droite au pied des remparts, à droite et à gauche des deux tours placées à l'entrée du port. Elle se replie ensuite tout autour de la place en formant un dédale de véritables lagunes à l'est jusqu'au petit coteau de Lafont, à l'ouest jusque bien au-delà de l'ouvrage à couronne. Dans le second plan, les marais situés à l'orient ont presque entièrement disparu, et l'on voit des champs et un cimetière à la place qu'ils occupaient. Enfin, à en juger d'après la carte de M. Beautemps-Beaupré, dès 1831 la mer a cessé d'atteindre les fortifications, et les fossés ne se remplissent plus qu'à l'aide de canaux ménagés dans ce but. Mais si le fond de la rade s'est comblé, en revanche la mer en a reculé et élargi l'entrée. Chaque tempête emporte quelque chose à la pointe des Minimes, à celle de Chef-de-Baie, et le père Arcère, en se fondant sur des observations précises faites dans un espace de douze années, estime que cette perte est d'environ quatre pieds par an un peu au-delà de la digue, c'est-à-dire sur des points où la falaise n'est frappée que par les vagues déjà bien affaiblies.

Mes premières recherches ne confirmèrent que trop les tristes pressentimens inspirés par l'inspection des côtes. Il me fallait arriver au plus bas de l'eau pour rencontrer des animaux qui se montrent ailleurs dans les zones les plus élevées, et encore j'eus beau jouer de la pioche et du pic, je ne trouvai guère que quelques espèces communes, et que je connaissais pour les avoir vues de Boulogne à Saint-Jean-de-Luz. Après quelques essais aussi peu fructueux, voyant toujours mes vases presque vides, je renonçai à mes procédés ordinaires d'exploration et cherchai fortune par d'autres moyens. C'est alors que

(1) Arcère

je m'applaudis de n'avoir écouté ni les petites vanités du monde, ni le trop grand amour du bien-être, d'être resté fidèle à mes habitudes de prolétaire de la science, de n'avoir pas élu domicile dans les beaux quartiers. J'étais logé sur le port, dans un bouchon où mangeaient et couchaient à la nuit les manœuvres du chantier voisin. Mon hôtesse, d'âge très mûr, était quelque peu criarde, et sans mériter le reproche d'exigence, j'aurais pu trouver à redire à la saveur des mets, à la propreté du service; mais ma chambre était grande et claire, mais devant moi s'étendait le port avec ses trois bassins, mais pas une barque n'entrait à La Rochelle sans passer sous mes yeux, et j'étais en plein quartier de pêcheurs et de marins. Grâce à quelques recommandations aussi nécessaires en pareil cas qu'en bien d'autres, j'étais en relation avec deux patrons. Je les vis plus souvent, je leur fis la cour. Le docteur Sauvé joignit son influence à mes sollicitations, et m'apporta enfin le premier un animal fort curieux dont l'existence dans les mers de La Rochelle avait été un des motifs déterminans de mon voyage. Quelques détails sur cette espèce remarquable feront comprendre, j'espère, comment, au point où en est la science moderne, un de ces petits êtres si dédaignés du vulgaire et même de certains savans peut mériter qu'un naturaliste fasse cent cinquante lieues tout exprès pour l'étudier.

Les hommes qui, réunissant en un faisceau les faits jusque-là isolés, firent de la zoologie une véritable science, durent nécessairement s'attacher d'abord aux groupes *à type fixe* les mieux circonscrits et les plus naturels, aux animaux dont l'anatomie traduisait de la façon la plus complète les plans fondamentaux. Lorsqu'ils venaient à rencontrer un de ces groupes *à type variable* où les espèces les plus voisines sous certains rapports diffèrent essentiellement sous d'autres, lorsque leur scalpel se heurtait à quelqu'un de ces animaux qui s'écartent brusquement de leurs plus proches voisins et semblent vouloir faire bande à part, ils sautaient par-dessus ces exceptions encore fort rares et les casaient tant bien que mal dans leurs cadres réguliers. Cette manière d'étudier pouvait seule leur donner la clef de la méthode, leur révéler les tendances générales de l'organisation et leur inspirer de grandes vues capables d'embrasser le règne animal dans son ensemble; mais elle devait entraîner et elle entraîna en effet un inconvénient réel. On assimila d'une manière trop complète la science de la création vivante aux sciences des corps bruts, et parce que celles-ci présentaient un certain nombre de *lois* plus ou moins rigoureuses, on voulut prématurément agir de même en zoologie descriptive, en anatomie, en physiologie. Bientôt la zoologie eut comme la physique ou la chimie, presque comme les mathématiques, un certain nombre de formules, le plus souvent prises à leur juste valeur par ceux qui les émettaient, mais dont la foule des élèves et des imitateurs ne tarda pas à faire autant de règles inflexibles, d'incontestables vérités.

Cependant la science a marché, et, en dépit des hommes qui luttent encore pour le passé, il faut bien reconnaître qu'un grand nombre de généralisations admises sur parole, ou même vraies il y a trente ans, exigent de nos jours une révision sévère. De là vient l'intérêt tout particulier qui s'attache à l'étude de groupes longtemps négligés, et par suite la remarquable émulation qui amène sur les bords de la mer des naturalistes de tous pays. C'est qu'en effet les faunes marines ressemblent assez peu aux faunes de la terre, de l'air ou des eaux douces. La mer nourrit des groupes entiers appartenant à des types spéciaux qui n'ont ailleurs aucun représentant. C'est là que vivent presque uniquement ces animaux étranges chez qui la machine animale est réduite à sa plus simple expression, quoique conservant un volume considérable, véritables expériences de physiologie toutes faites par la nature, et qu'il suffit de savoir reconnaître et interpréter. Enfin c'est là qu'il faut aller chercher ces êtres aux formes extérieures anormales, aux dispositions organiques exceptionnelles, qui déroutent tant de nomenclateurs et d'anatomistes systématiques, qui ouvrent aux amis de la vérité des horizons de plus en plus vastes et variés.

A ces divers titres, le *branchellion* nous semble mériter toute l'attention des naturalistes. Cet animal vit en parasite sur la torpille; on ne le trouve jamais ailleurs, et, remarquons-le en passant, c'est déjà un fait bien curieux. Personne n'ignore que la torpille, espèce de machine électrique vivante, peut foudroyer ses ennemis même à une distance considérable. Les pêcheurs font journellement l'expérience des singulières facultés de ce poisson. Dès qu'ils en tiennent un dans leur chalut (1), ils en sont prévenus par les secousses que leur transmettent les cordes d'amarrage, et l'un d'eux m'affirmait que ces secousses sont parfois assez violentes pour les forcer *à larguer* quand ils hissent leurs filets à bord, et à laisser tout retomber au fond de la mer. Pour que le branchellion puisse impunément vivre aux dépens de la torpille, il faut que son organisation le rende insensible aux actions électriques, ou bien qu'elle permette à ce ver, de trois ou quatre centimètres de long, de résister à des décharges qui ébranlent les hommes les plus vigoureux.

Découvert par Rudolphi, le branchellion a été classé par Savigny parmi les sangsues. Cuvier, Blainville et leurs successeurs l'ont maintenu à cette place, et pourtant ses caractères extérieurs, à eux seuls, devaient soulever quelques doutes à cet égard. Comme les autres

(1) Espèce de filet ou plutôt de drague, très-employée le long de nos côtes.

sangsues, le branchellion porte à chacune de ses extrémités une ventouse qui lui sert à se fixer solidement; mais le corps, au lieu d'être d'une seule venue, comme chez tous les animaux dont on le rapproche, porte en avant une sorte de cou arrondi et renflé en fuseau, représentant à peu près le tiers de la longueur totale, tandis que le reste du corps, semblable à celui d'une sangsue d'un noir violacé, présente de chaque côté une série de lames minces, élargies en éventail, plissées sur les bords, et de couleur plus claire. Par ce partage du corps en deux régions bien distinctes, par l'existence de ces appendices, le branchellion formait, dans le groupe des hirudinées (1), une exception unique, et, en le plaçant ainsi dans une même famille, à côté des sangsues ordinaires, Blainville surtout se mettait en contradiction avec quelques-uns des principes le plus constamment soutenus par lui-même. C'est qu'en présence de la variabilité des animaux inférieurs, les esprits les plus systématiques sont bien forcés de se rendre à l'évidence et de renoncer à ces cadres, tracés d'avance, où ils s'étaient flattés d'enserrer la création.

Cet extérieur remarquable devait attirer l'attention des anatomistes en faisant pressentir une organisation interne également curieuse. Malheureusement les branchellions ne sont rien moins que communs, ils sont rares là même où les torpilles se pêchent par centaines, et cependant il fallait les observer vivans. Je savais, par mon expérience personnelle, que les recherches faites sur des individus conservés ne pouvaient conduire à des résultats sérieux, car l'alcool raccornit et confond les organes et les tissus. Je ne connaissais pas encore les travaux récemment publiés en Allemagne (2), et bien des questions restaient pour moi tout entières. Qu'étaient, par exemple, ces appendices latéraux placés à chaque anneau comme des franges verticales? Étaient-ce de simples replis cutanés, ainsi que l'affirmaient Cuvier, Blainville et tous leurs successeurs? étaient-ce des organes respiratoires, comme paraissaient l'avoir admis, sur une simple inspection, Rudolphi et Savigny? Mais, dans ce cas, le branchellion devenait une *sangsue à branchies*, c'est-à-dire qu'il devenait

(1) Nom de famille donné à tous les vers voisins des sangsues.

(2) M. Leydig, naturaliste distingué, avait publié, quelque temps avant mon départ pour La Rochelle, une notice fort intéressante sur le branchellion qu'il avait eu vivant à Gênes. Les résultats auxquels nous sommes parvenus l'un et l'autre s'accordent sur certains points et diffèrent sur quelques autres. Ces divergences tiennent sans doute à ce que, mieux servi par les circonstances, j'ai pu voir beaucoup plus que le naturaliste allemand, peut-être aussi à ce que nous avons examiné deux espèces différentes. En effet, quelques détails donnés par M. Leydig me font penser qu'il pourrait bien exister deux espèces de branchellion, bien qu'on n'en ait encore admis qu'une seule. J'ai, du reste, rapporté à Paris les préparations nécessaires pour démontrer l'exactitude de tous les faits essentiels que m'avaient fournis mes études.

un être exceptionnel, non plus seulement dans la famille, mais encore au milieu de tous les groupes voisins. A prendre au pied de la lettre quelques-uns de ces principes dont je parlais plus haut, c'était une chose aussi extraordinaire que de rencontrer un mammifère sans poumons, et quoique habitué à observer chez les animaux inférieurs des écarts considérables, celui-ci me paraissait bien grand. Pourtant l'observation directe m'apprit qu'il en était ainsi, et l'expérimentation confirma ce résultat.

En effet, placés sous le microscope, ces larges feuillets membraneux, si minces et en apparence d'une organisation si simple, me montrèrent des couches cutanées pour les protéger, des fibres musculaires et ligamenteuses pour les mouvoir et les maintenir épanouis, des nerfs pour les animer; surtout j'y découvris des canaux ramifiés donnant naissance à un réseau que parcourait un liquide parfaitement incolore et chargé de granulations très fines dont les mouvemens indiquaient ceux du liquide lui-même. A elle seule, cette structure caractéristique pouvait autoriser à regarder ces appendices comme de véritables branchies; mais je voulus, et pour moi-même et pour les autres, une preuve plus décisive. A l'aide d'une seringue à tube capillaire, je poussai dans les canaux qui relient entre eux ces appendices un précipité de fer à peine bleuâtre qui a la propriété de se foncer au contact de l'oxygène et de se changer en bleu de Prusse. J'avais eu soin d'opérer sur un animal plein de vivacité. Quoique l'opération eût parfaitement réussi, je n'aperçus d'abord aucun changement : la couleur du liquide employé se confondait avec celle des tissus. Mais bientôt l'air dissous dans l'eau, pénétrant à travers les tissus vivans de l'animal, agit sur mon précipité comme il l'eût fait sur le sang lui-même, et lui céda son oxygène. Je vis les appendices se teinter rapidement; les vaisseaux prirent l'aspect de lignes ondulées d'un bleu de plus en plus foncé, et, au bout de quelques minutes, je distinguai les réseaux à la simple loupe. Cette expérience était décisive. J'avais vu, qu'on me permette l'expression, *respirer le sel de fer*. Les appendices du branchellion étaient incontestablement des branchies.

Le rôle de ces organes une fois fixé, j'eus à me demander quel liquide venait y subir l'action de l'air. La question peut paraître étrange au premier abord. Sans s'être occupé d'histoire naturelle, sans être même médecin, on sait généralement que le sang seul respire dans le poumon chez les mammifères, les oiseaux et les reptiles; dans les branchies, chez les poissons. Existe-t-il donc chez certains invertébrés un autre liquide nourricier que le sang, et ce liquide a-t-il, lui aussi, besoin de se vivifier au contact de l'air? Répondons d'abord affirmativement, et entrons ensuite dans quelques détails pour faire comprendre ce fait très important.

Chez tous les animaux, à quelque groupe qu'ils appartiennent, le liquide nourricier, quelle que soit sa véritable nature (1), s'épuise constamment par son séjour dans les organes, et répare ses pertes par les matériaux que lui fournissent la digestion d'une part, la sécrétion intersticielle de l'autre. Chez l'homme, chez tous les vertébrés, le sang reçoit ainsi le chyle et la lymphe, et ces deux derniers liquides venus l'un des organes digestifs, l'autre de tous les points du corps, circulent dans des vaisseaux spéciaux qui communiquent par un tronc commun avec le système des vaisseaux sanguins. Par suite de cette disposition, le chyle, la lymphe restent distincts du sang et des autres liquides qui baignent tous nos tissus. Chez les invertébrés, les vaisseaux lymphatiques et chylifères n'existent pas. En outre, on ne trouve plus guère ici ce tissu cellulaire qui garnit chez nous tous les interstices laissés par les organes, et de là proviennent les grands espaces libres, les *lacunes* qui séparent ces derniers. La lymphe et le chyle, ne trouvant plus de vaisseaux pour les renfermer, tombent dans ces espaces qui sont ainsi remplis par le liquide chargé de réparer les pertes du sang. On comprend aisément, d'après ces quelques mots, combien doit être important le rôle joué dans la physiologie des animaux invertébrés par la *cavité générale* qui résulte de l'ensemble de ces lacunes et par le liquide que renferme cette cavité.

Nous avons rappelé plus haut que chez les vertébrés le chyle et la lymphe sont versés directement dans l'appareil vasculaire sanguin par les vaisseaux qui les renferment. Chez les invertébrés, où ces vaisseaux manquent, il ne saurait en être ainsi. Alors, lorsque *le cercle circulatoire est incomplet*, lorsque, entre la terminaison des artères et l'origine des veines, il existe un intervalle quelconque, le sang lui-même tombe dans la cavité générale du corps, et le mélange s'opère dans cette cavité. C'est ainsi que les choses se passent chez les insectes, les crustacés, les mollusques..... Lorsque *le cercle circulatoire est complet*, lorsque les artères et les veines forment un cercle continu, les matériaux réparateurs du chyle et de la lymphe ne peuvent arriver jusqu'au sang qu'à travers les parois des vaisseaux sanguins. Certains rayonnés et tous les vers nous présentent ce phénomène.

Mais, quelles que soient les dispositions anatomiques existantes,

(1) J'ai cherché à montrer ailleurs comment l'appareil circulatoire se complète successivement, et comment à cette complication progressive correspond la caractérisation également progressive des liquides nourriciers. *Revue des Deux Mondes*, livraison du 15 octobre 1846: *Côtes de Sicile*, III.

il est un fait que nous trouvons chez tous les animaux. Pour devenir aptes à nourrir l'organisme, pour se transformer en sang, le chyle, la lymphe, tous les matériaux destinés à réparer des pertes incessantes, doivent d'abord subir l'action de l'air. Aussi, chez les vertébrés, est-ce dans les veines et tout auprès de l'organe respiratoire que viennent déboucher les vaisseaux lymphatiques. Chez les invertébrés, alors même que le sang se mélange directement avec le chyle et la lymphe, les dispositions anatomiques assurent un résultat tout pareil. Lorsque le sang d'un côté, le chyle et la lymphe de l'autre, sont renfermés dans des cavités distinctes et sans communication, il devenait nécessaire que ces deux derniers liquides eussent leur respiration spéciale. Des milliers d'observations m'avaient depuis longtemps démontré qu'il en était bien ainsi. Chez les vers en particulier, *le liquide de la cavité générale respire tout aussi bien que le sang lui-même* (1); mais jusqu'à ce jour j'avais constamment vu la peau se charger seule de cette fonction. L'air n'exerçait son action sur le liquide dont il s'agit que par les tégumens, tantôt du corps entier, tantôt de quelque partie servant d'ailleurs à d'autres usages. On ne connaissait pas d'animal possédant des organes spéciaux pour la respiration du chyle et de la lymphe.

Or, dès mes premières observations sur le branchellion, je constatai un fait qui me donna à penser. Les appendices latéraux ne sont pas complétement semblables : les uns sont minces et foliacés dans toute leur étendue; les autres, au nombre de vingt-deux, régulièrement espacés et disposés par paires, ont à leur base un renflement hémisphérique à demi transparent. Dans chacun de ces mamelons, je voyais une espèce d'ampoule se dilater et se contracter régulièrement à la manière d'un cœur. Telle est, en effet, la nature de cet organe, et le liquide qu'il renferme est le sang de l'animal. Mais le sang se montrait chez les individus bien portans teinté d'un beau rouge groseille, tandis que le liquide, circulant dans les appendices eux-mêmes, restait parfaitement incolore. Ces deux liquides ne pouvaient donc être de même nature. Si l'un était *le sang proprement dit*, l'autre ne pouvait guère être que le *liquide de la cavité générale*. Telle fut la conclusion que je tirai de l'observation seule et que l'expérience vint confirmer. En injectant par les vaisseaux, je remplis toutes les ampoules sans jamais arriver dans les appendices. Pour pénétrer dans ces derniers, il me fallut porter l'instrument dans les lacunes,

(1) Ces faits et les conséquences qui en découlent ont été combattus. J'ai le plaisir de les voir chaque jour confirmer d'une manière d'autant plus irrécusable que ceux qui les répètent croient parfois les avoir découverts.

c'est-à-dire dans une des dépendances de la cavité générale, et j'obtins alors le résultat dont j'ai parlé plus haut. Ainsi les appendices latéraux du branchellion n'étaient pas seulement des branchies, c'étaient en outre des *branchies lymphatiques*.

Enfin, en pratiquant l'injection comme je viens de le dire, je n'avais pas seulement injecté les appendices. Le liquide coloré avait gagné l'intestin et dessiné à sa surface des réseaux à large maille. En outre, il avait rempli un vaisseau spécial placé de chaque côté sous la peau et faisant communiquer toutes les branchies. Des trajets lacunaires reliaient entre elles ces deux sortes de cavités, et cet ensemble de canaux, de lacunes et de vaisseaux bien caractérisés, partout rempli d'un mélange de chyle et de lymphe, représentait, on le voit, la cavité générale des autres invertébrés. Seulement une partie de ses dépendances, constituée à l'état de vaisseaux proprement dits, formait un véritable appareil lymphatique rudimentaire. C'était à la fois un fait tout nouveau dans l'histoire des invertébrés et une nouvelle preuve que partout la nature reste fidèle à la grande loi du perfectionnement progressif des organismes. Comme l'*appareil circulatoire sanguin* dont nous avons ailleurs esquissé l'histoire (1), l'*appareil circulatoire lymphatique* se montre d'abord très incomplet, et si nous avions à le suivre dans ses transformations, nous le verrions ne s'isoler complétement, c'est-à-dire ne se constituer peut-être d'une manière définitive, qu'après avoir traversé le groupe le plus inférieur du sous-règne des vertébrés, la classe des poissons.

Ainsi, par la présence des appendices latéraux, le branchellion s'isole de toutes les hirudinées. Par la nature respiratrice de ces appendices, il s'écarte non-seulement du groupe où on l'a placé, mais encore de tous les groupes voisins. Enfin la caractérisation de ces organes respiratoires comme branchies lymphatiques achève d'en faire un animal tout à fait exceptionnel. Certes, si le *principe des caractères dominateurs* était aussi vrai que le croyait Cuvier et que l'admettent encore bien des anatomistes; si la moindre modification dans l'appareil destiné à l'accomplissement d'une fonction importante exerçait réellement sur tout le reste de l'organisme l'influence qu'on lui attribue, l'examen anatomique des systèmes digestif, vasculaire, nerveux, devrait montrer des dispositions non moins nouvelles. Et pourtant il n'en est rien. Sans doute entre ce que j'ai trouvé chez le branchellion et ce qui existe dans les sangsues ordinaires il y a des différences, mais ces différences sont d'un ordre bien inférieur. La plupart ne dépassent pas en importance celles que nous présentent

(1) *Revue des Deux Mondes*, livraison du 15 octobre 1846.

de l'un à l'autre les genres les plus rapprochés dans ce groupe. Anormal pour tout ce qui est du ressort de la respiration lymphatique, le branchellion, sous tous les autres rapports, n'est qu'une hirudinée ordinaire. La classification, qui n'est pas la science, mais qui doit autant que possible en être l'expression, a donc là un double fait à traduire. Pour cela, il faut encore s'écarter de quelques-unes de ces règles inspirées par l'étude trop exclusive des animaux supérieurs.

En transportant dans la zoologie le grand *principe de la subordination des caractères*, découvert par Laurent de Jussieu, Cuvier rendit un immense service. A partir de ce moment, les caractères furent *pesés et non comptés*. Leur valeur et non plus leur nombre détermina la division du règne animal, comme celle du règne végétal, en groupes naturellement subdivisés. Mais, pour arriver à l'appréciation de cette valeur, les deux hommes de génie dont nous venons de rappeler les noms procédèrent d'une manière très différente. Jussieu ne consulta que l'observation et l'expérience; Cuvier, ainsi qu'il le déclare lui-même, eut recours avant tout au raisonnement (1). De l'importance des fonctions, il conclut à l'importance des organes, et par suite à celle des caractères fournis par ces derniers. Rien de plus rationnel et de plus logique en apparence. Malheureusement la nature semble souvent prendre un malin plaisir à se jouer de notre raison. Ce magnifique *à priori*, vrai tant qu'on ne l'applique qu'aux vertébrés, devient dans bien des cas d'une inexactitude frappante dès qu'on arrive aux invertébrés, et surtout aux représentans dégradés des trois derniers embranchemens. Pour qui accepterait à la lettre tout ce que dit Cuvier au sujet de la respiration et des organes respiratoires, le branchellion formerait à lui seul une classe dictincte (2). Pour un élève de Jussieu, il doit devenir seulement le type d'une sous-classe, et nous adopterons cette manière de voir. La nomenclature exprimera ainsi, en compensant le *nombre* par la *valeur*, les *ressemblances* qui rattachent le branchellion aux autres hirudinées et les *différences* qui l'en éloignent.

Au risque de paraître un peu trop technique à mes lecteurs, je n'ai pas cru devoir leur épargner les descriptions anatomiques, les discussions de physiologie et de doctrine qui précèdent. Il m'a semblé nécessaire de montrer, au moins une fois, avec quelque détail, com-

(1) *Règne animal*, seconde édition. Introduction.

(2) Je dois dire que Cuvier lui-même se fût bien gardé d'agir ainsi. Chez ce grand homme, la prétention à l'infaillibilité et l'esprit systématique ne prévalurent jamais ni contre la bonne foi la plus entière ni contre ce parfait bon sens qui est un des attributs du génie. Aussi, dans la classification des annélides en particulier, n'a-t-il pas hésité à obéir aux faits plutôt qu'aux règles qu'il avait établies.

ment l'exploration minutieuse d'un seul animal bien choisi conduit à aborder les questions les plus diverses et les plus délicates de la zoologie. J'ai voulu donner à qui me suivrait jusqu'au bout — une idée de ce travail de révision générale que nécessite l'état actuel de la science, — et, si j'ai quelque peu réussi, on comprendra sans peine le plaisir que j'éprouvai à recevoir mes premiers branchellions, l'ardeur que j'apportai à leur examen, la joie que me firent éprouver les résultats de ce travail.

FIN

SOUVENIRS

D'UN NATURALISTE

PAR

M. A. DE QUATREFAGES

EXTRAIT

DE LA REVUE DES DEUX MONDES

LIVRAISON DU 15 MAI 1853

PARIS

IMPRIMERIE DE J. CLAYE ET Cie

RUE SAINT-BENOÎT, 7

1853

SOUVENIRS

D'UN NATURALISTE.

LES COTES DE SAINTONGE.

II.

CHATELAILLON. — ESNANDES.

I.

Les côtes de la Saintonge et des contrées limitrophes n'ont pas toujours présenté la forme et les contours qu'on leur voit aujourd'hui. Peu de rivages peut-être ont subi d'aussi grands changemens depuis la révolution géologique qui leur donna naissance. Il est vrai qu'ailleurs, à l'embouchure des grands fleuves, il s'est formé des terres nouvelles, et, sans sortir de la France, le Rhône nous offre dans la Camargue un exemple de ces deltas; il est vrai que sur d'autres points la mer ronge sans cesse et recule peu à peu ses barrières : la Biscaye française nous a montré un curieux exemple de ces érosions (1); mais dans les cas analogues à ceux que nous venons de rappeler, l'action modificatrice des fleuves ou de l'océan s'exerce toujours dans le même sens, soit pour créer, soit pour détruire. En Saintonge, grâce à la structure du continent, à la nature minéralogique du sol, les deux effets se produisent à la fois. Partout l'océan attaque et démolit pièce à pièce les saillies de la côte, partout il remblaie les parties rentrantes, et le résultat final de cette double action

(1) Voyez la livraison du 15 janvier 1850.

sera dans l'avenir le comblement des golfes aussi bien que le rasement des promontoires. Tôt ou tard la côte jadis si accidentée au nord de la Gironde, de la pointe de la Coubre jusqu'à Longueville, sera presque aussi uniforme que celle qui s'étend au midi, de la pointe de Grave jusqu'à Saint-Jean de Luz. Tout au plus, de légers festons, formés par l'alternance de *platains* (1) et de pointes, apprendront-ils à nos neveux qu'il y eut là de profondes baies, des caps avancés, des presqu'îles.

Qu'il s'agisse des temps anciens ou des temps modernes, la formation de terres nouvelles se constate à la fois par l'observation directe et par les témoignages historiques; presque toujours la tradition seule témoigne des empiètemens de la mer, et ce dernier genre de preuves laisse parfois à désirer. La formation, depuis l'époque romaine, de la baie du Mont-Saint-Michel, la séparation, au moyen âge seulement, de l'île de Sésambre, aujourd'hui placée à deux lieues en face de Saint-Malo, sont des faits plutôt probables que certains; mais en Saintonge on ne saurait conserver de doute sur la puissance érosive des flots. Ici, des cités puissantes ont croulé avec les falaises qu'elles dominaient, et l'océan, après avoir réduit leurs ruines en limon, emporte chaque jour quelque chose aux terres qui en dépendaient. L'histoire nous a conservé les noms et les annales de ces villes, et, guidé par elle, l'œil reconnaît sans peine sur les cartes de M. Beautemps-Beaupré, aux inégalités du fond, les sinuosités de l'ancien rivage (2).

A trois lieues environ au midi de La Rochelle, on trouve la pointe de Chatelaillon, séparée de l'île d'Aix par un bras de mer de 6,000 mètres. Au moyen âge, on allait à pied sec de l'une à l'autre, et l'on trouvait en route deux villes. L'existence de Monmeillan ne nous est connue que par un procès-verbal authentique rapporté par un ancien annaliste de La Rochelle (3). Il n'en est pas de même de Chatelaillon. Celle-ci fut longtemps la principale ville de l'ancien Aunis, et son autorité s'étendait sur La Rochelle. Fondée, dit-on, par Jules César, fortifiée par Charlemagne, à ce qu'assure Arcère, elle devint,

(1) On donne le nom de platain à une anse très évasée, à rive basse, bordée de vase, de sable ou de galets, et comprise entre deux pointes de rochers peu avancées en mer.

(2) *Atlas hydrographique des côtes de France*, carte du pertuis d'Antioche et de la rade d'Aix, levée en 1824.

(3) Amos Barbot, cité par Arcère, qui a eu souvent recours à son manuscrit. Voici un passage de ce procès-verbal : « Cette ville (Monmeillan) était placée entre Chatelaillon et l'île d'Aix, à laquelle cité et à ladite île on pouvait aller par terre et à pied sec de basse mer, selon ce que rapportaient des anciens, et avoir veu gens qui y avaient passé. » Ce procès-verbal est de 1430, et des expressions précédentes on peut conclure que cent ans au plus avant cette époque, c'est-à-dire dans le courant du XIVe siècle, la communication existait entre l'île et le continent.

dès avant le XIIe siècle, une baronnie considérable, parfois titrée de principauté. Les Isambert, ses premiers seigneurs, s'allièrent aux maisons souveraines. Souvent ils furent en guerre avec les puissans comtes de Poitou et les ducs d'Aquitaine. Plus tard, Chatelaillon compta parmi ses suzerains les Richemont et les Dunois. C'était alors une forte ville, entourée de hautes murailles et ceinte de fossés profonds. A ses pieds s'étendait un havre de grand abord, et tout navire qui passait dans ses eaux devait mettre pavillon bas, sous peine d'amende. De tout cela, il ne reste plus traces; murailles et fossés sont tombés dans la mer. En 1660, sept tours, qui faisaient jadis face à la campagne, surplombaient encore la baie. Les tempêtes d'un seul hiver emportèrent ces derniers débris. Au commencement de ce siècle, pendant les guerres de l'empire, un fort s'éleva sur la pointe; à son tour, il s'est éboulé. Aujourd'hui, un modeste corps de garde de douaniers a succédé à ces forteresses de deux âges; mais il ne repose pas sur leurs débris. Sur cette falaise qui manque sous eux, tours ou bastions n'ont pas le temps de laisser des ruines, et, comme des soldats frappés à leur poste, ils tombent tout entiers.

MM. Viviers et Beltrémieux, deux de ces hommes trop rares chez qui l'ardeur scientifique résiste aux préoccupations et à l'isolement de la province, me conduisirent, par une belle marée de septembre, à cette côte qui recule toujours. Mes guides portaient le sac et le marteau des géologues, et, par un reste d'espérance, je pris, avec ma pioche, qui pouvait servir à deux fins, des tubes et des flacons. A Angoulin, nous gagnâmes la plage, que couvrent sur ce point d'énormes blocs, formés tantôt entièrement de polypiers, tantôt de coquilles et de débris d'oursins pétrifiés. Certes partout ailleurs cette localité m'eût fourni une ample récolte; mais jusqu'à deux pas des roches, qui ne couvrent jamais, arrivait un lit de vase molle, et force me fut de renoncer aux animaux vivans, d'imiter mes compagnons et d'attaquer à coups de pic la mine de fossiles ouverte devant nous. A Chatelaillon, même mécompte. Cette fois j'en avais pris mon parti d'avance, et j'admirai sans arrière-pensée le curieux spectacle de la côte. Au-dessus de nous s'élevait la falaise, alors dans l'ombre, semblable à un immense mur perpendiculaire veiné de larges bandes presque horizontales. Çà et là faisaient saillie comme autant de tourelles appliquées à sa surface d'énormes masses de terrain qui semblaient détachées de toutes parts et prêtes à tomber. De nombreux débris aux cassures vives nous apprenaient que l'éboulement pouvait avoir lieu d'un instant à l'autre, et semblaient nous avertir de hâter notre récolte de fossiles. Au nord, l'île de Ré et la pointe Chef-de-Baie semblaient prêtes à se rejoindre; à l'ouest, en face de nous, le pertuis d'Antioche ouvrait une large échappée de vue sur l'Atlantique, qui prend ici le nom de *mer sauvage;* au midi, la pointe de Fouras et l'île d'Oleron barraient presque entièrement le pertuis de Maumusson. Au milieu de ce bassin, semblable à une sentinelle vigilante, s'élevait l'île d'Aix, dont le soleil détachait nettement les bastions et les falaises. Entre elle et nous s'étendait à près d'une lieue, et presque au niveau de la mer, le plateau de Chatelaillon, en ce moment animé par la présence de quelques cents pêcheurs de moules, qui, chargés de leur butin, fuyaient à grands pas devant la marée montante. Celle-ci marchait vite sur ce sol à peine incliné, et bientôt nous pûmes juger de ses progrès à l'agitation de la vase. Ici la terre et l'eau se ressemblaient trop de couleur et de consistance pour que l'œil pût les distinguer à d'autres signes que le mouvement. A mesure que la mer montait, on voyait la plaine onduler et se couvrir de longs sillons parallèles; on eût dit un vaste champ de terre grasse s'agitant de lui-même ou labouré par une invisible charrue. Une tempête sur ce plateau doit être quelque chose d'étrange; il doit sembler que la falaise est assaillie non par des vagues, mais par des rochers.

La vase qui couvre le plateau de Chatelaillon est loin de représenter, on le comprend sans peine, l'ensemble des terres où s'élevaient les villes et les forteresses des Isambert. Refoulés par les courans, ces débris sont dirigés tout le long de la côte, et partout où une anse quelque peu abritée leur présente un bassin plus tranquille, ils se déposent et augmentent l'atterrissement. Ainsi se sont formées les terres basses et marécageuses de Brouages et du bassin de la Charente à partir de Rochefort, les alluvions placées au fond de l'anse de Fouras, du platain du Ché et tout autour de La Rochelle. Toutes ces alluvions, à peine élevées au-dessus du niveau de la pleine mer, se prêtent admirablement à la fabrication du sel; aussi le fond de toutes ces anses est-il couvert de marais salans. En outre, des écluses et des canaux conduisent jusque bien avant dans les terres l'eau de mer chargée de ses principes salins, la ramènent vers l'océan aux heures du reflux, et étendent ainsi cette industrie jusqu'aux limites mêmes des atterrissemens.

Les marais salans de Saintonge sont assez curieux à visiter. Établis sous un ciel moins chaud que ceux du midi de la France, ils ont dû être disposés de manière à suppléer à ce qui manquait de force aux rayons du soleil. Dans cette pensée, on a multiplié les surfaces et compliqué bien plus que dans le Gard ou l'Hérault la distribution des casiers où l'eau vient s'évaporer. Ici chaque marais se compose de sept sortes de chambres distinctes établies à des niveaux différens, de sorte que le liquide puisse aisément passer des premiers jusque dans les derniers. Le *marais* a la forme d'un grand carré renfermant du côté de la prise d'eau un premier bassin d'un mètre environ de profondeur appelé *jard*, où l'eau de mer se clarifie par le repos avant de passer dans les *conches*, où commence le travail d'évaporation. Celles-ci sont trois petits bassins étroits, profonds seulement de 5 à 6 centimètres et disposés de façon que pour passer de l'un dans l'autre l'eau est obligée de parcourir en zigzag toute la largeur du marais. Les *mors* et les *tables* où l'eau de mer subit sa seconde et sa troisième évaporation ont à peu près les mêmes dimensions et circonscrivent un carré long occupant environ le tiers du marais. Cette enceinte est partagée en deux par un large bassin de 4 à 5 centimètres de profondeur appelé le *muant*. A droite et à gauche de celui-ci sont disposées les *nourrices*, qui n'ont plus que 2 centimètres et demi de profondeur. C'est là que la solution, de plus en plus concentrée par son séjour dans les chambres précédentes, reçoit sa quatrième et dernière préparation avant d'entrer dans les *aires* où on la laisse cristalliser. De petites levées de terre glaise, disposées avec une régularité parfaite, isolent ces divers compartimens et servent aux besoins de l'établissement. Enfin cet ensemble repose sur le *bri* (1), argile bleue ou jaunâtre qui n'est autre chose que le terrain d'alluvion laissé là par la mer comme une sorte de restitution faite au continent.

Pour comprendre toute l'étendue de ces atterrissemens, il faut se transporter à deux lieues environ au nord de La Rochelle et visiter la baie de l'Aiguillon. De nos jours, cette baie forme un croissant presque régulier, dont l'entrée n'a guère que 7,000 mètres de large sur 9,000 mètres au plus de profondeur. Autrefois la mer entrait dans les terres, de Longueville à la pointe Saint-Clément, par une ouverture de plus de 34,000 mètres. Le golfe s'évasait ensuite et envoyait en tous sens, au nord jusqu'à Luçon et à Maillezais, à l'est jusqu'à Niort et à Grip, au midi jusqu'à Benon et à Aigrefeuille, des baies secondaires profondes et accidentées. De l'entrée du golfe à Niort, il n'y avait pas moins de 50 kilomètres; on en comptait 42 de Luçon à Aigrefeuille. Pour aller en droite ligne de Luçon à Aigrefeuille, on avait à traverser le golfe du nord au midi, et à faire par mer un trajet de 42 kilomètres; ce voyage peut se faire à présent en entier par terre. Aujourd'hui Longueville est à 25 kilomètres du rivage, Luçon à plus de 12, Maillezais à 29, Niort à 48, Grip à 49, Benon à 21, et Aigrefeuille à 22. Entre l'extrémité sud de la baie d'Aigrefeuille et l'ancienne anse de Fouras, il n'y avait que 6 kilomètres; on n'en comptait pas davantage entre la même baie et la branche septentrionale du

(1) On a remarqué que la nature de ce fond influe sur la qualité du sel. Le *bri ble* donne seul du sel très blanc. Le *bri jaune* donne toujours des produits colorés même teinte.

bassin de la Charente. On voit que l'ancienne baronnie de Chatelaillon, y compris les territoires de La Rochelle et d'Esnandes, formaient une véritable presqu'île présentant à la mer un front de 30 kilomètres en ligne droite, et se rattachant au continent par un isthme fort étroit.

Les changemens que je viens d'indiquer se lisent d'un coup d'œil sur la magnifique carte de MM. Dufrénoy et Élie de Beaumont; on y voit les alluvions s'enfoncer dans les terres et y dessiner nettement les anciens rivages. Et qu'on n'aille pas croire qu'il s'agit ici d'une de ces révolutions dont le globe garde la trace, mais que la science seule peut révéler. Celle-ci s'est accomplie à une époque comparativement toute moderne, et la géologie n'a fait que confirmer les indications de l'histoire. Ptolémée, qui a connu et nommé la Charente, ne parle pas de la Sèvre (1), et on le comprend aisément. A l'époque où vivait le célèbre géographe, la Sèvre n'était qu'une modeste rivière qui rencontrait la mer à Niort. A mesure que le golfe s'est comblé, elle s'est allongée et élargie; elle a acquis de nouveaux affluens : elle a fini par mériter le nom de fleuve. Son embouchure a successivement laissé derrière elle bien des îles jadis placées fort en avant, et qui, englobées par les terres, forment aujourd'hui autant de collines semées sur la plaine, comme autrefois sur la mer (2). Maillezais, Marans, Velluire, Triaise, Maillé, Vildoux et une douzaine d'autres villages ou hameaux étaient entourés d'eau avec leur territoire, et cela au XIIIe siècle (3). On trouve encore en place sur certains points les pilotis et les anneaux de fer qui servirent jadis à amarrer les navires. Ce mouvement ne s'est pas ralenti de nos jours. Lorsque Arcère écrivait il n'y a pas tout à fait un siècle, on voyait, vers le nord de la baie, une île formée de roches escarpées et connues sous le nom de la Dive. L'annaliste de La Rochelle remarque que la pointe de l'Aiguillon avançait chaque année, et que dans peu les terres basses auraient atteint ces rochers. Le fait a vite confirmé ces prévisions. Dès 1824, la Dive était au milieu des champs, et la pointe, s'effilant vers le sud, l'avait dépassée de 4 kilomètres (4).

Des faits et des dates que nous venons de rappeler, il semble résulter que le *golfe du Poitou* a persisté, jusque vers le commencement du moyen âge, à peu près dans l'état où l'avaient laissé les derniers cataclysmes, c'est-à-dire qu'il est resté ouvert aux flots de l'Océan pendant plusieurs milliers d'années, ensuite qu'à partir d'une

(1) Arcère.

(2) A partir de Rochefort, la Charente a grandi de la même manière. De ce point jusqu'à la mer s'étendait un golfe dont un des bras, comme je l'ai dit plus haut, se dirigeait vers le nord et joignait presque la baie d'Aigrefeuille.

(3) Arcère.

(4) *Atlas hydrographique* de M. Beautemps-Beaupré. Intérieur du pertuis breton.

époque indéterminée, mais toute moderne, il a commencé à se combler avec rapidité. Si les choses se sont réellement passées ainsi, l'envasement pourrait bien ne pas être la seule cause des progrès actuels du continent. Peut-être faudrait-il rattacher ce fait à un ordre de phénomènes tout différent, et dont la Scandinavie nous fournit un curieux exemple. On sait que les côtes de cette presqu'île s'élèvent d'un côté par un mouvement à peu près régulier et lent qui a pu être mesuré. Se passerait-il ici quelque chose d'analogue, et le comblement du golfe tiendrait-il, au moins en partie, à l'élèvement progressif de la contrée au-dessus de son ancien niveau? Cette question est d'autant plus permise, que des faits positifs attestent sur quelques points l'action récente de ces forces géologiques qui modifient sans cesse la mince pellicule appelée par nous *terre ferme*. Aux environs de Fontenay, au milieu même des marais dont nous venons de rappeler l'origine, existent des dépôts coquilliers bien connus des géologues sous le nom de buttes de Saint-Michel-en-l'Herm. Ce sont des bancs considérables composés de coquilles d'huîtres, de moules de peignes, appartenant aux mêmes espèces qui peuplent les mers voisines (1). Toutes ces coquilles sont en place; un très grand nombre ont leurs deux valves réunies par le ligament qui sert de charnière, et n'ont pas changé de couleur; il en est même qui renferment encore une matière animale jaunâtre, résidu du mollusque qui les remplissait autrefois. En un mot, tout dans ces buttes annonce que ces coquillages ont vécu et sont morts là où on les trouve aujourd'hui, et pourtant leurs couches supérieures sont à 8 et 13 mètres au-dessus du niveau des plus fortes marées. Pour expliquer leur existence, il faut bien admettre des soulèvemens locaux circonscrits. Que présenterait de plus étrange un soulèvement plus lent, mais plus étendu des pays voisins?

Quoi qu'il en soit, l'entrée de l'Aiguillon se rétrécit incessamment au nord. Au midi, la côte n'a éprouvé aucun changement notable, et la pointe de Saint-Clément abrite encore, comme au moyen âge, le petit village d'Esnandes. C'est là que le docteur Sauvé me conduisit pour observer ces curieux phénomènes, contre-partie exacte de ceux qui se passent à Chatelaillon. Grâce à son rapide cabriolet, une heure nous suffit pour franchir les collines ondulées de la presqu'île primitive, et du haut du dernier coteau nous aperçûmes à nos pieds Esnandes avec ses jolies maisons blanches et propres, avec sa singulière église. Ce dernier monument ne ressemble guère à une maison de prière et de paix. N'était la croix qui surmonte un clocher

(1) Les trois buttes de Saint-Michel-en-l'Herm ont ensemble 720 mètres de long, 300 mètres de large, et 10 à 15 mètres de hauteur au-dessus du niveau des marais environnans.

carré et massif comme un donjon, on la prendrait bien plutôt pour un château fort. Des fossés ruinés l'environnent encore. La toiture est cachée par une plate-forme et un chemin de ronde flanqués de tourelles et hérissés de créneaux. La porte et les croisées sont commandées par des machicoulis. Çà et là des meurtrières et des embrasures complètent ces préparatifs de défense, et, pour plus de sûreté, toute ouverture a été solidement murée du côté de la mer. C'est de là en effet que venait le danger, car, protégée par ses marais, Esnandes n'avait guère à redouter que des excursions de pirates, et, trop pauvre pour s'entourer de murailles, elle avait métamorphosé son église en forteresse. Marsilly et quelques autres villages de la côte n'avaient pas d'autres moyens de défense; mais aucun de ces édifices n'est aussi bien conservé que celui dont je viens de parler.

Du haut du clocher d'Esnandes, on embrasse l'ensemble du pays. Au midi, la vue est arrêtée par les coteaux qui s'étendent jusqu'à La Rochelle, par le petit plateau de Vildoux, dont les anciennes berges gardent encore les anneaux de fer où s'amarraient les navires du moyen âge. Au nord et à l'est s'étend, comme un grand lac solide, la plaine, que les prairies, les champs, les marais, émaillent de leurs riches teintes. A l'horizon pointent la cathédrale de Luçon, les coteaux de Maillezais et de Fontenay, tandis que Marans et son territoire reprennent momentanément l'apparence de ce qu'ils furent autrefois, et semblent une petite île. A l'ouest, la plage va se fondant avec la mer d'une manière si insensible, que toute limite disparaît, et que l'œil passe, sans s'en apercevoir, de la terre à l'océan. Entre les deux, la vase sert d'intermédiaire, et, sans cesse refoulée vers le fond, elle se tasse, dépasse quelque peu le niveau des marées, se dessèche alors, se consolide, et, bientôt couverte de plantes riveraines, elle ne peut plus être reprise par le flot. C'est ainsi qu'elle avance chaque jour de quelque chose, et menace de combler rapidement ce qui reste de l'ancien golfe. Un brave marin, qui s'était joint au bedeau pour nous faire les honneurs de l'église, nous fit pour ainsi dire toucher du doigt la rapidité de cette invasion. A nos pieds se déroulait une jetée qu'il avait vu construire dans sa jeunesse. Elle marquait alors les limites de la plage, et aux grandes marées les vagues en battaient le talus. Aujourd'hui elle est au milieu des prairies et sert de chemin vicinal. Entre elle et la mer s'étend une zone de 2 kilomètres de large, de 8 kilomètres de long. Voilà ce que la baie a perdu sur ce point seulement et pendant la moitié d'une vie d'homme.

Ainsi placée sur les bords d'une espèce de lac de vase, Esnandes est devenue le centre d'une industrie curieuse qui s'est étendue aux villages de Charron et de Marsilly, mais qu'on ne retrouve peut-être nulle part ailleurs. Nous voulons parler de l'élève des moules. Ces mollusques sont pour les riverains de la baie de l'Aiguillon ce que les huîtres sont pour les habitans de toute la côte, pour ceux de Marennes, de Cancale et de Saint-Vaast, la source d'une aisance générale. L'origine et les développemens de cette industrie, attestés à la fois par la tradition et par d'anciens témoignages écrits, ont été exposés par M. d'Orbigny père dans une brochure imprimée en province, et par cela même trop peu connue; c'est elle qui nous a fourni les détails qui vont suivre (1).

En 1035, une barque irlandaise, chargée de bêtes à laine, vint, à la suite d'une tempête, se briser sur les rochers à demi-lieue d'Esnandes, et les marins de ce port, accourus au secours des naufragés, ne purent sauver que le patron. Celui-ci, nommé Walton, ne tarda pas à payer largement ce service. Il croisa quelques moutons échappés au naufrage avec des bêtes du pays, et créa ainsi une belle race, très estimée encore aujourd'hui sous le nom de moutons du Marais. Puis il imagina les filets d'*allouret*, qui, tendus un peu au-dessus du niveau de la pleine mer, arrêtent au passage des vols entiers de ces oiseaux de rivage qui rasent l'eau au crépuscule ou dans l'obscurité. Mais pour que la chasse fût fructueuse, il fallait aller au centre de l'immense vasière où ces oiseaux trouvent leur nourriture, et y planter des piquets propres à maintenir des rets de trois à quatre cents mètres de long. Walton inventa le *poussepied* ou *acon*, qui sert encore aujourd'hui. L'acon est une espèce de nacelle assez semblable par sa forme à la *toue* qui figure sur les rébus. Une planche de bois dur, appelée la *sole*, en constitue le fond. Cette planche se recourbe en avant de manière à former une sorte de proue plate. Trois planches légères, clouées sur les côtés et à l'arrière, complètent cette espèce d'embarcation, qui n'a que deux ou trois mètres de long sur cinquante à soixante centimètres de large. Une courte perche et une pelle en bois composent tout l'équipement. Pour se servir de l'acon, on s'agenouille sur une jambe en laissant au dehors l'autre, qui est recouverte d'une longue botte. Celle-ci doit servir à la fois de rame et de gouvernail. Le pêcheur, en équilibre sur la sole, serrant fortement les deux bordages, enfonce son pied libre dans la vase, atteint une couche un peu plus ferme et pousse en avant. L'acon glisse sur la vase fluide, et, grâce à cette manœuvre pénible, les Esnandais vont quelquefois avec une rapidité telle que j'avais quelque peine à leur tenir pied en marchant à grands pas sur le rivage.

(1) *Histoire des Parcs ou Bouchots à moules des côtes de l'arrondissement de La Rochelle*, par M. C.-M.-D. d'Orbigny père; La Rochelle, 1847. Les recherches de statistique que renferme ce mémoire sont antérieures à 1834 et avaient servi à combattre un projet d'assèchement qui eût ruiné les communes riveraines de la baie de l'Aiguillon.

Le mode de locomotion que nous venons de décrire exige un sol mou et uni. Or tous les ans, à la suite des gros temps d'hiver, la baie, dans toute son étendue, présente une singulière transformation. La vase semble s'être moulée sur les vagues et en avoir conservé la forme. Du nord au midi s'étendent, parallèlement au rivage, de longs sillons presque régulièrement espacés et hauts parfois de plus d'un mètre. Pendant la haute mer, la crête de ces sillons assèche et se durcit aux rayons du soleil. Les acons sont alors arrêtés par ces espèces de collines, et pour leur rendre la liberté de manœuvre, il faut que la vasière, c'est-à-dire environ 70 millions de mètres carrés, soit en entier renivelée. Ce travail, s'il devait être fait de main d'homme, serait évidemment impossible, dût toute la population riveraine se mettre à l'ouvrage pendant tout l'été. Eh bien! cette œuvre gigantesque s'accomplit en moins d'un mois, grâce à un crustacé dont le corps, à peine gros comme un fil à coudre, n'a pas plus de 12 à 15 millimètres de long, en y comprenant les antennes. Vers la fin d'avril, les *corophies longicornes*, vulgairement appelées *pernys*, arrivent de la haute mer par millions de myriades. Guidées par leur instinct, elles viennent faire une guerre d'extermination aux annélides, qui pendant tout l'hiver et le premier printemps se sont multipliées en paix. A la mer montante, on voit ces chasseurs affamés s'agiter en tous sens, battre la vase de leurs longues antennes, la délayer, et déterrer ainsi, au fond de leurs retraites les plus profondes, néreïdes et arenicoles. Ont-ils mis à découvert une de ces dernières, plusieurs centaines de fois plus grosse qu'eux, ils se réunissent pour l'attaquer et la dévorer, puis ils se remettent en chasse. Le carnage ne cesse que lorsque les annélides ont presque entièrement disparu; mais alors la baie entière a été fouillée et aplanie, et les acons peuvent circuler librement. Avant la fin de mai, la besogne est terminée. Alors les corophies se rejettent sur les mollusques, sur les poissons morts ou vivans. Pendant tout l'été, elles restent ainsi sur la côte; puis une belle nuit, vers la fin d'octobre, elles repartent toutes à la fois, prêtes à revenir l'année suivante et à exercer de nouveau leurs utiles fonctions de terrassiers (1).

En visitant les piquets de ses allourets, Walton ne tarda pas à découvrir que le frai des moules de la côte venait s'y attacher et y prenait un accroissement rapide, que les moules venues ainsi en pleine eau et à l'abri du contact immédiat de la vase gagnaient à la fois en taille et en qualité. Alors il multiplia ses piquets, et, après quelques tâtonnemens, construisit le premier *bouchot*. Au niveau des basses marées, il enfonça dans la vase, à la distance d'un mètre environ les

(1) *Mémoire sur la Corophie longicorne*, par M. d'Orbigny père. — *Journal de Physique*, 1821.

uns des autres, des pieux assez forts pour résister aux coups de mer. Ces pieux, disposés en deux lignes, formaient un angle dont la base partait du rivage, dont le sommet regardait la pleine eau. Cette double palissade fut ensuite clayonnée grossièrement avec de longues branches, et une étroite ouverture laissée à l'extrémité de l'angle fut destinée à recevoir des engins d'osier où s'arrêterait le poisson entraîné par le reflux. On voit que Walton avait fait du même coup un parc à moules et une pêcherie. Les mérites de cette invention étaient faciles à comprendre; aussi devint-elle bientôt populaire. Les bouchots se multiplièrent et s'étendirent sur plusieurs rangs. On n'attendit plus que le hasard des courans et des vagues vînt apporter les jeunes moules jusqu'aux pieux et aux clayonnages, on alla les ramasser parfois à des distances considérables et jusque sur le plateau de Chatelaillon (1). En même temps l'industrie se perfectionna, se systématisa pour ainsi dire, et chacune de ses opérations reçut un nom qui, emprunté à un tout autre ordre d'idées, pourrait faire croire que deux *boucholeurs* causant de leurs affaires s'entretiennent d'agriculture.

Les petites moules écloses au printemps portent le nom de *semence*. Elles ne sont guère plus grosses que des lentilles jusque vers la fin de mai. A partir de cette époque, elles grandissent rapidement, et en juillet elles atteignent la taille d'un haricot. Alors elles prennent le nom de *renouvelain* et sont bonnes à *transplanter*. Pour cela, on les détache des bouchots placés au plus bas de l'eau et on les place dans des poches faites en vieux filets, que l'on fixe sur des clayonnages moins avancés en mer. Les jeunes moules se répandent tout autour de la poche et s'attachent à l'aide des filamens que les naturalistes désignent sous le nom de *bissus*. A mesure qu'elles grossissent et que l'espace commence à leur manquer, on les *éclaircit* et on les *repique* sur de nouveaux pieux de plus en plus rapprochés du rivage. Enfin on *plante* sur les bouchots les plus élevés les moules qui ont acquis toute leur taille et sont devenues marchandes. C'est là que se fait la *récolte*. Chaque jour, une énorme quantité de moules fraîchement *cueillies* sont transportées en charrette ou à dos de cheval à La Rochelle et sur quelques autres points d'où les expéditeurs les envoient jusqu'à Tours, Limoges et Bordeaux. Bientôt sans doute, grâce aux chemins de fer, elles viendront jusqu'à Paris, et les gourmets pourront comparer les moules *sauvages* que nous expédient la Normandie et le Boulonais avec les produits perfectionnés par l'industrie de Walton.

(1) Lors de notre visite à ce plateau, nous y trouvâmes au moins cinquante chariots venus d'Esnandes, de Charron et de Marsilly, dans le seul but de recueillir et d'emporter des moules pour les bouchots de ces trois communes.

Les chiffres suivans recueillis par M. d'Orbigny il y a une vingtaine d'années feront juger de quelle importance est cette industrie pour le pays. En 1834, les trois communes d'Esnandes, Charron et Marsilly, représentant une population de 3,000 âmes, possédaient 340 bouchots, dont le prix d'établissement est évalué par l'auteur à 696,660 francs. Les dépenses annuelles d'entretien représentaient la somme de 386,240 francs, y compris l'intérêt du capital engagé, et le prix des journées de travail que n'a pas à débourser un propriétaire exploitant par lui-même. Le revenu net est estimé à 364 francs par bouchot, ou 123,760 francs pour les trois communes. Enfin le mouvement de charrettes, chevaux ou barques employés au transport représentait alors un solde annuel de 510,000 francs; mais tous ces chiffres sont aujourd'hui beaucoup trop faibles. A l'époque où M. d'Orbigny habitait Esnandes, les bouchots étaient disposés sur quatre rangs seulement; ils le sont maintenant sur sept, et quelques-uns ont jusqu'à un kilomètre de la base au sommet. Leur ensemble, borné d'abord aux environs immédiats des trois villages dont j'ai parlé plus haut, s'étend aujourd'hui sans interruption depuis Marsilly jusque bien au-delà de Charron, et forme une estacade gigantesque de 4 kilomètres de large sur 10 kilomètres de long.

Par malheur, cet énorme développement a bien entraîné quelques inconvéniens. Naguère encore, un navire poussé par la tempête trouvait un refuge assuré sur ce lit de vase molle, où l'échouage par les plus gros temps était presque sans danger. Tant que les bouchots étaient construits avec de simples piquets, un bâtiment de commerce, une simple barque de pêche les renversait assez aisément et tout au plus faisait quelque avarie en traversant les palissades; mais à mesure que les bouchots ont gagné la haute mer et se sont rapprochés des parties profondes, il a fallu augmenter leur solidité, sous peine de les voir arrachés ou brisés par la vague, et les modestes pieux de Walton se sont changés en véritables pilotis. Aujourd'hui les barques surprises par le gros temps à mi-marée en dehors des bouchots sont forcées d'attendre que la pleine eau leur permette de passer au-dessus de ces lignes. Agir autrement serait s'exposer à être jeté sur quelque tronc d'arbre qui pourrait crever la coque d'un navire tout aussi bien qu'un rocher. On comprend donc ce qu'il y a de fondé dans les réclamations des marins et des pêcheurs. Les boucholeurs résistent de leur côté, nient ou atténuent les faits, et l'administration, appelée à prononcer entre eux, est, dit-on, quelque peu embarrassée. A nous qui avons vu les lieux, une équitable décision nous paraîtrait facile. Détruire les bouchots d'une manière directe ou indirecte, enlever ainsi à une contrée entière une industrie florissante et qui compte plus de huit siècles d'existence, serait à la fois absurde et inhumain.

D'autre part, on ne saurait laisser les boucholeurs envahir la plage entière et transformer le seul havre de refuge que présentent ces parages en une côte hérissée d'écueils; mais que l'on fasse une trouée au milieu de ces palissades, et tous les intérêts seront sauvegardés. Un chenal de quatre à cinq cents mètres de large serait plus que suffisant. Pour le prix d'une indemnité peu coûteuse, justement allouée aux boucholeurs expropriés, on rétablirait ainsi la communication entre l'entrée et le fond de la baie, que protégeraient comme autant de brise-lames tous les bouchots restés debout.

J'ai visité deux fois Esnandes. Avec M. Sauvé, j'ai fait une promenade en acon et sillonné jusqu'aux premiers bouchots ce grand lac de boue que Walton a su rendre productif et navigable. Dans cette course, j'ai eu le plaisir de causer quelques minutes avec un descendant du patron irlandais. C'était un simple boucholeur que rien ne distinguait de ses confrères, mais qui n'était pas moins fier de son nom qu'un Montmorency peut l'être du sien. Qui pourrait blâmer cet orgueil? Ce nom rappelle huit cents ans de services rendus à toute une population qui leur doit le travail et l'aisance. Ce titre de noblesse n'en vaut-il pas bien d'autres?

Plus tard, avec M. Valenciennes, j'ai parcouru le dédale des bouchots et dépassé leurs lignes. Chargé d'une mission que lui avait confiée le ministre de la marine, M. Valenciennes parcourait le littoral pour étudier sur place les mille questions que soulève le règlement des pêches côtières, et ce fut pour moi une véritable fête que de faire cette excursion avec un confrère regardé à juste titre comme le premier ichthyologiste de l'époque. Partis le soir de La Rochelle et arrivés à nuit close, il nous fallut, faute de place à l'unique auberge d'Esnandes, accepter l'hospitalité du syndic. Ce brave marin nous fit les honneurs de sa maison d'une manière toute patriarcale. Nous passâmes la nuit dans la chambre où couchaient père, mère et enfans. Il est vrai que M. Valenciennes et moi avions chacun notre lit et que ce lit à colonnes et à baldaquin, élevé de deux mètres au-dessus du plancher et entouré de rideaux, pouvait passer à la fois pour une forteresse et pour une alcôve; mais si les yeux ne pouvaient voir, les oreilles restaient ouvertes, et le sens de l'ouïe nous révéla quelques-uns de ces détails d'intérieur qu'un citadin eût cherché à cacher. Une fois le sommeil venu, notre somme n'en fut pas moins bon jusqu'au moment où retentit l'appel de notre hôte. A quatre heures, nous étions sur la plage. A ce moment, le soleil se levait derrière les alluvions de Niort et de Grip comme il l'eût fait en pleine mer. Ses rayons, rougis par un brouillard de mauvais augure, teignaient les vapeurs suspendues sur les marais, ensanglantaient les moindres flaques d'eau et donnaient aux cailloux que venait de quitter la marée un faux air de charbons ardens qui contrastait avec le froid piquant du matin.

Une barque nous attendait, et, secondés par le flot, nos rameurs nous eurent bientôt conduits au débouché d'un des plus grands bouchots. Là, debout sur son acon, se tenait un pêcheur armé d'une espèce de grande truble. A notre arrivée, la pêche commença. Le marin barrait la sortie du bouchot avec son filet, puis le retirait au bout de quelques instans, et nous dûmes admirer la précision de cette manœuvre, qui, pour être exécutée sans faire chavirer la frêle embarcation, exigeait un vrai talent d'équilibriste. Bientôt nous eûmes passé en revue la plupart des poissons qui fréquentent les bouchots. Ce sont en général de petites espèces dont la taille ne dépasse guère celle de la sardine. Sans doute il se trouvait parmi elles quelques jeunes individus d'espèces plus grandes; mais le nombre n'en est pas tel que cette pêche puisse porter grand préjudice à la multiplication du poisson, et il y aurait, ce nous semble, une inutile dureté à interdire aux boucholeurs l'emploi de leur truble. D'ailleurs elle seule et les engins qui en sont l'équivalent peuvent arrêter un petit crustacé connu des naturalistes sous le nom de *crangon commun*, sous celui de *cardon*, de *crevette* sur nos côtes du nord-ouest, et qui porte en Saintonge le nom de *bouc*. Ce crustacé, moins gros que la *chevrette* ou *bouquet* qui figure à l'étalage de Chevet et de ses confrères (1), n'en est pas moins très bon à manger, et son abondance dans la baie de l'Aiguillon le met à la portée des plus pauvres habitans. Ce que nous en avons vu prendre, M. Valenciennes et moi, rappelait ces pêches miraculeuses dont parlent les légendes. Un peu après la mi-marée, notre marin ne faisait qu'enfoncer son filet et le retirait plein. Attendait-il trois ou quatre minutes, la charge devenait si lourde que les bâtons menaçaient de casser. En moins d'une demi-heure, il en eut ramassé plus de cent kilogrammes, et le tout était promis d'avance à une revendeuse pour la somme de 3 francs, moins de 3 centimes le kilogramme! Quelque inférieur que le bouc soit à la chevrette, on voit que faute de consommation il reste là bien au-dessous de sa valeur réelle. Viennent donc les chemins de fer, et les riverains de l'Aiguillon trouveront une nouvelle source de richesses dans ce crustacé qu'ils dédaignent aujourd'hui (2).

(1) C'est le palemon à dents de scie, *palemon serratus* des naturalistes.

(2) Les pêcheurs de Bretagne vendent les palemons 3 francs le kilogramme aux marchands en gros de Paris. Chez les marchands de comestibles, ce crustacé coûte de 8 à 16 francs le kilogramme. N'attribuons aux crangons que le sixième de cette valeur, estimation incontestablement trop faible; on voit que la pêche de notre marin aurait représenté environ 50 francs sur place, et de 130 à 260 francs à Paris.

II.

A Esnandes pas plus qu'à Chatelaillon je n'avais pu remplir mes tubes, et lorsqu'au retour de ces courses si instructives, si intéressantes d'ailleurs, je retrouvais mes vases vides, l'instinct du zoologiste se réveillait en moi, et mon cœur se serrait. Les branchellions étaient trop rares pour suffire au travail d'une campagne. A grand' peine ai-je pu m'en procurer cinq échantillons pendant un séjour de plus de deux mois. Heureusement la mer se lassa de m'être sévère, et la terre elle-même apporta son contingent à mes études. Les tempêtes du sud-ouest, qui changeaient l'été en un automne pluvieux et froid, amenèrent jusque dans les eaux de la Saintonge quelques-uns de ces animaux étranges dont fourmillent les mers intertropicales; à mes côtés, je rencontrai les colonies d'un de ces insectes qui attirent l'attention du naturaliste par la singularité de leurs mœurs, qui semblent créés tout exprès pour rappeler l'homme à l'humilité en attaquant avec succès jusque dans sa demeure ce souverain parfois trop orgueilleux. Grâce aux physales et aux termites, la perte des quelques premiers jours se trouva amplement réparée, et cette campagne, dont j'avais d'abord désespéré, se trouva être en définitive une des plus fructueuses que j'eusse encore faites.

Peut-être un jour parlerai-je aux lecteurs de la *Revue* des physales et des graves questions d'anatomie philosophique soulevées par leur organisation étrange. Pour aujourd'hui bornons-nous aux termites. On donne ce nom à des insectes appartenant à l'ordre des névroptères, c'est-à-dire que par leurs caractères les plus essentiels ils se rapprochent des libellules bien connus de tous nos lecteurs sous le nom de *demoiselles;* mais, pour appartenir au même groupe zoologique, ces insectes n'en sont pas moins de mœurs bien différentes. Les libellules sont essentiellement carnassières. Comme presque tous les animaux de proie, elles passent leur vie dans l'isolement et ne se rapprochent des individus de même espèce que pour satisfaire aux lois de la reproduction. A l'état de larve ou de nymphe, elles habitent le fond de nos étangs et de nos ruisseaux. Là, tapies dans la fange, elles attendent avec patience qu'un insecte, un mollusque ou même un jeune poisson vienne passer à leur portée. Alors elles débandent comme un ressort une arme fort singulière qui représente chez elles la lèvre inférieure. C'est une sorte de masque animé, armé de fortes pinces dentelées et porté par des pièces articulées dont l'ensemble égale la longueur du corps lui-même. Ce masque agit à la fois comme une lèvre et comme un bras. Il saisit la proie au passage et l'amène jusqu'à la bouche. Lorsque arrive le temps de sa métamorphose, la larve se traîne hors de l'eau où elle a vécu près d'une année, grimpe lentement sur quelque plante voisine et s'y suspend la tête en bas. Bientôt le soleil dessèche et durcit sa peau, qui tout d'un coup éclate et se fend. La libellule dégage d'abord sa tête et son corselet : ses pattes, ses ailes encore molles et sans vigueur se raffermissent au contact de l'air; au bout de quelques heures, elles ont pris toute leur vigueur. Aussitôt la libellule abandonne comme un vêtement usé la peau terne et limoneuse qui la couvrit si longtemps, et, devenue *mouche-dragon* (1), elle s'élance à la recherche de sa proie. C'est alors que nous la voyons errer autour de ses mares natales, tantôt planant sur place à la façon de l'aigle ou du milan, tantôt décrivant des cercles rapides et s'élançant comme un trait sur quelque malheureux insecte qu'elle saisit et dévore sans arrêter son vol. L'amour n'adoucit guère que pour un jour l'humeur de ces farouches chasseresses, et, quand elles ont satisfait à la loi commune, quand la propagation de l'espèce est assurée, elles meurent dans l'isolement où elles ont toujours vécu.

Les termites leurs frères sont bien autrement sociables. Ceux-ci, comme les abeilles, comme les fourmis, se réunissent en sociétés nombreuses, dans lesquelles des individus de forme différente représentant des espèces de castes s'acquittent de fonctions distinctes. Les mœurs singulières de ces insectes, mœurs qui les rendent si redoutables, ont donné lieu à bien des fables. Peut-être faut-il voir des termites dans ces fourmis qui, au dire d'Hérodote, habitaient le pays des Bactriens, et qui, plus petites qu'un chien, mais plus grandes qu'un renard, mangeaient une livre de viande par jour. Retirés dans des déserts de sable, ces insectes gigantesques se creusaient, disait-on, des demeures souterraines et soulevaient des collines de sable d'or que les Indiens venaient enlever au péril de leur vie. Selon son habitude, Pline renchérit encore sur cette histoire merveilleuse, et ajouta qu'on voyait dans le temple d'Hercule des cornes de ces fourmis. Presque de nos jours encore, et lorsque les termites étaient déjà passablement connus, quelques voyageurs ont eu de la peine à se contenter des faits, bien assez curieux par eux-mêmes. Ils ont attribué à ces insectes un venin tellement actif, qu'il suffisait pour s'empoisonner d'en respirer les émanations, et qu'une seule morsure allumait une fièvre mortelle. Un naturaliste anglais, Smeathman (2), a fait complétement justice de ces contes et nous a appris sur les espèces exotiques des vérités non moins étranges que les erreurs propagées par ses devanciers. C'est là du reste un résultat qui s'est reproduit bien

(1) *Dragon fly*, c'est le nom pittoresque que les Anglais donnent aux libellules.

(2) « Some account of the termites which are found in Africa and other hot climates. » *Philosophical Transactions*, 1781.

souvent. En fait de merveilleux, la nature dépasse presque toujours ce qu'a rêvé l'esprit humain.

Comme la très grande majorité des insectes, les termites sortent d'un œuf, et, avant de revêtir leurs formes définitives, doivent subir des métamorphoses (1). Dans toute termitière, on trouve à la fois des larves, des nymphes et des insectes parfaits accompagnés d'un nombre immense de neutres. Chez les abeilles et les fourmis, ce sont ces derniers qui jouent le rôle d'*ouvrières;* chez les termites, ils remplissent les fonctions de *soldats* et sont exclusivement chargés de veiller à la sûreté commune, ainsi qu'au maintien du bon ordre. Les larves et les nymphes, au lieu d'attendre dans une oisiveté complète le temps marqué pour leurs métamorphoses, s'acquittent de tous les travaux. Ce sont elles qui élèvent les édifices, creusent les mines, amassent les provisions, entourent la mère commune, reçoivent et soignent les œufs. Quoique chargées des fonctions les plus pénibles, elles ont la plus petite taille. Les ouvriers des termites belliqueux, la plus grande des espèces observée par Smeathman, n'ont guère que 5 millimètres de long, et cinq d'entre eux pèsent à peine un milligramme. Ils ne sont donc guère plus grands que nos fourmis, auxquelles ils ressemblent assez pour qu'on leur ait longtemps donné le même nom (2). Leur corps entier est d'une délicatesse telle qu'ils sont broyés au moindre froissement; mais leur tête, bien proportionnée, porte des mandibules dentelées et d'une corne assez solide pour attaquer les corps les plus durs, à l'exception des métaux ou des pierres. Les soldats ont environ le double de longueur et pèsent autant que quinze ouvriers. Cet excès de poids est dû à leur énorme tête cornée, beaucoup plus grosse que le corps et armée de pinces aiguës, véritable armure offensive qui ne saurait servir au travail. Enfin l'insecte parfait atteint jusqu'à 18 millimètres de long, il pèse autant que trente travailleurs, et les quatre ailes qu'il reçoit pour quelques heures seulement ont près de 50 millimètres d'envergure. Nous verrons plus loin quelles singulières modifications semblent en outre être imposées aux femelles par la nature même du rôle qu'elles sont appelées à remplir.

Tous les termites sont mineurs; la plupart sont en outre architectes. Il en est qui bâtissent leur nid sur les arbres autour de quelque

(1) Tout insecte à métamorphoses complètes passe successivement par trois états. Au sortir de l'œuf, il porte le nom de *larve.* La chenille est la larve du papillon. Dans son second état, il prend le nom de *nymphe* ou de *pupe,* qu'on nomme *chrysalide* quand il s'agit d'un papillon. Enfin il devient *insecte parfait,* et alors seulement on peut distinguer les sexes par des caractères soit extérieurs soit anatomiques.

(2) Les créoles et la plupart des voyageurs désignent encore les termites sous le nom de *fourmis blanches,* à cause de leur forme, de leur taille et de leur couleur.

grosse branche que ces insectes destructeurs savent fort bien respecter. Ces nids ont parfois la grosseur d'une barrique à sucre, et, quoique offrant une large prise aux ouragans des tropiques, quoique composés uniquement de petites parcelles de bois collées à l'aide des gommes du pays et des sucs fournis par les ouvriers eux-mêmes, ils ne sont jamais arrachés. Ces espèces, à vie presque aérienne, sont en petit nombre. La plupart construisent, au-dessus de leurs galeries souterraines, des édifices qui renferment leurs magasins et leurs couvoirs. Le termite atroce et le termite mordant élèvent ainsi de véritables colonnes surmontées d'un toit ou dôme qui déborde de tous côtés. Ces colonnes ont de 70 à 75 centimètres de hauteur sur environ 20 centimètres de diamètre. Elles sont construites en entier avec une sorte d'argile qui, pétrie avec la salive des termites, acquiert une dureté extraordinaire. On renverse une de ces colonnes en l'arrachant à ses fondemens plutôt que de la rompre par le milieu. L'intérieur en est creux, ou plutôt entièrement farci de cellules assez irrégulières qui servent de logemens. Si le nombre des habitans augmente, une nouvelle colonne s'élève à côté de la première, et ainsi de suite, de sorte que le nid d'une des deux espèces que nous avons nommées ne ressemble pas mal à un groupe de champignons monstrueux.

Mais pour voir les termites déployer tout ce que le ciel leur a départi d'industrie, il faut visiter et démolir pièce à pièce, comme l'a fait Smeathman, un nid de termites belliqueux. Quand une colonie de ces derniers s'établit au milieu d'une plaine, on voit d'abord paraître et grandir rapidement une ou deux tourelles coniques qui bientôt se multiplient et atteignent jusqu'à une hauteur de cinq pieds. L'étendue du sol occupé par ces édifices provisoires annonce celle des travaux souterrains. Peu à peu le diamètre de ces tourelles augmente, leur base s'élargit; en peu de temps, elles se touchent et se soudent l'une à l'autre. Les vides qui les séparaient disparaissent alors promptement, et en moins d'une année le nid présente au dehors l'aspect d'un monticule irrégulièrement conique, à sommet arrondi en forme de dôme, portant sur ses flancs un nombre variable d'éminences allongées, et ayant jusqu'à cinq ou six mètres de diamètre à la base sur à peu près autant de hauteur (1). Si, tenant compte de la différence de taille des architectes, nous comparons aux monticules construits par ces insectes les plus gigantesques monumens élevés par la main de l'homme, le résultat est fait pour nous humilier

(1) Smeathman ne donne que 10 ou 12 pieds de hauteur aux nids du termite belliqueux, mais Jobson, dans son *Histoire de la Gambie,* dit en avoir vu qui avaient jusqu'à 20 pieds de haut. Tous les voyageurs s'accordent d'ailleurs sur l'extrême solidité des dômes élevés par ces insectes.

profondément. La pyramide de Chéops (1) avait, au moment de sa construction et avant tout ensablement, 146^{m} 20 de hauteur (2). Elle avait par conséquent à peu près quatre-vingt-onze fois la hauteur d'un homme, en prenant pour taille moyenne 1 mètre 60 centimètres. Or, d'après ce que nous avons dit des dimensions des termites et de leurs monticules, ces derniers ont en hauteur environ mille fois la longueur des insectes qui les construisent. Ainsi, toute proportion gardée, un nid de termites est onze fois plus élevé que le plus haut de nos monumens. Pour être seulement son égale, la *grande* pyramide devrait s'élever à plus de 1,600 mètres au-dessus du sol et dépasser la hauteur du Puy-de-Dôme.

Ces montagnes artificielles sont d'une solidité à toute épreuve. Pendant qu'elles sont encore en construction, et que leur dôme arrondi est encore accessible aux bœufs sauvages, on voit souvent la sentinelle de quelque troupeau debout sur leur sommet. Smeathman, Jobson et autres voyageurs montaient habituellement sur ces termitières pour dominer le pays, ou s'embusquaient parmi les tourelles qui les hérissent, pour attendre le gibier au passage, et cependant, comme les colonnes dont nous parlions tout à l'heure, ces monticules sont creux. Placés au centre du terrain qu'exploite chaque colonie, ils en sont pour ainsi dire la capitale, et, comme nos grandes cités, ils ont leurs rues et leurs places publiques où circule sans cesse une population innombrable, leurs magasins toujours combles de provisions, leurs hôpitaux des enfans trouvés, où les générations

(1) J'emploie ici l'appellation consacrée par l'usage pour le plus élevé de ces monumens; mais mon savant confrère M. Ampère m'assure qu'il faut lire Choufou au lieu de Chéops, et je le crois sur parole.

(2) Voici les dimensions de cette pyramide telles qu'elles ont été relevées par M. Le Père, un des architectes de l'expédition d'Égypte :

	Pieds français.	Pouces.	Mètres.
Largeur des côtés de la base....	716	6	232,75
Hauteur dans l'état primitif.....	428	9	139,15
Id. dans l'état actuel........	424	9	138,00

Les recherches faites en 1837 par l'architecte anglais M. Perring et aux frais de sir Howard Vise, qui y dépensa environ 280,000 francs, ont donné :

	Pieds anglais.	Mètres.
Largeur de la base dans l'état primitif.	767,424	233,90
Hauteur idem..................	479,640	146,20
Largeur actuelle..............................	746,000	227,40
Hauteur idem................................	450,750	137,16

En m'envoyant ces chiffres que je lui avais demandés, mon confrère M. Hittorff me dit que la différence entre les mesures anglaises et françaises est plus apparente que réelle. Dans ses opérations, M. Le Père s'est contenté de réunir par des lignes le sommet des gradins. M. Perring, au contraire, a supposé prolongé tout autour de la pyramide un revêtement épais dont il assure avoir trouvé des traces au niveau du sol primitif.

nouvelles s'élèvent par les soins de la communauté, et leur palais de souverains qui sont bien en réalité les père et mère de leurs sujets.

Que mes lecteurs consultent avec moi la curieuse planche où l'auteur anglais a figuré un de ces monticules coupé par le milieu. Voici d'abord des parois presque aussi dures que de la brique et épaisses de 60 à 80 centimètres. Des galeries plus ou moins cylindriques sont percées dans ces murailles et augmentent de diamètre vers la base, où les plus grandes atteignent jusqu'à 35 centimètres de large et s'enfoncent sous terre à près d'un mètre et demi de profondeur. Ces dernières sont à la fois des carrières et des déversoirs. Ce sont elles qui ont fourni les matériaux de l'édifice, et en cas d'inondation elles recevraient et perdraient profondément dans le sol l'eau, qui ne peut atteindre ainsi les quartiers populeux. Les autres galeries, qui serpentent obliquement en tous sens, s'embranchent les unes sur les autres, et arrivent jusqu'au dôme et dans les moindres tourelles, sont autant de routes servant uniquement au passage des travailleurs occupés de maçonnerie. Cet ensemble n'est pas encore *la ville;* il n'en est pour ainsi dire que le rempart, ou, pour employer une image moins noble, mais plus exacte, il est la croûte d'un pâté dont les habitations représentent l'intérieur.

Le pâté n'est pas plein. Sous le dôme se trouve un grand espace libre, occupant la largeur entière du monticule. La hauteur de cette espèce de comble égale à peu près le tiers de la hauteur totale. Le plancher en est plat et sans aucune ouverture. Quelques-unes des galeries percées dans l'enveloppe générale s'ouvrènt à son niveau; d'autres débouchent à des hauteurs diverses, et sont continuées par des rampes en relief appliquées contre le mur comme les escaliers placés à l'intérieur de la coupole du Panthéon. Ce sont autant d'échafaudages qui permettent aux travailleurs d'atteindre à toutes les parties de la voûte. Quant au comble lui-même, il joue le rôle d'un double fond, d'une chambre à air dont on comprend sans peine l'utilité sous ce ciel brûlant, où les nuits sont si fraîches. Il entretient dans l'édifice entier une température plus égale, et garantit surtout des variations journalières les couvoirs placés au-dessous.

Nous avons visité les murs, les caves et les combles de l'édifice; pénétrons maintenant dans les appartemens. Au niveau du sol, au centre du rez-de-chaussée, est le palais des souverains, dont nous ferons tout à l'heure l'histoire. Ce palais est une grande cellule oblongue à fond plat, à voûte arrondie, qui, dans les vieilles termitières, a jusqu'à 25 centimètres de long. Les parois en sont très épaisses, surtout dans le bas, et percées de portes et de fenêtres rondes régulièrement espacées. Tout autour de ce sanctuaire, sur un espace de plus de 30 centimètres en tous sens, s'étend un véritable dédale de chambres voûtées, toujours rondes ou ovales, donnant l'une dans l'autre ou communiquant par de larges corridors. Ce sont les salles de service exclusivement réservées aux travailleurs et soldats occupés du couple royal. Sur les côtés s'élèvent jusqu'au plancher du comble les magasins adossés aux murs de l'enveloppe générale. Ce sont de grandes chambres irrégulières, toujours remplies de gommes et de sucs de plantes solidifiés réduits en particules si ténues, que le microscope seul permet d'en reconnaître la véritable nature. Des galeries et de petites chambres vides relient entre elles toutes ces chambres pleines et assurent le service.

La cellule royale et ses dépendances sont protégées par une voûte épaisse, dont le dessus sert de plancher à un grand espace libre ménagé au centre du monticule. Sur cette espèce d'aire s'élèvent des piliers massifs, hauts quelquefois de plus de 1 mètre, qui donnent à cette vaste salle un air de nef de cathédrale et qui supportent les couvoirs. Ceux-ci diffèrent, du reste, de l'édifice autant par leur structure que par leur destination. Partout ailleurs l'argile est seule mise en œuvre, et c'est encore elle qui forme en quelque sorte la carcasse de la *nourricerie* (1); mais ici les grandes chambres où doivent éclore les œufs et se tenir les très jeunes larves sont refendues en un grand nombre de petites cellules dont les cloisons sont entièrement construites en parcelles de bois collées avec de la gomme. On trouve de ces couvoirs de toutes dimensions, et quelques-uns sont aussi gros qu'une tête d'enfant. Tous sont entourés d'une coque de brique, aérés par les portes qui donnent dans les galeries ou corridors de communication, et placés, comme ils le sont, entre le grand vide du comble et la nef dont nous avons parlé tout à l'heure, ils réunissent toutes les conditions désirables d'égalité de température et de ventilation.

Revenons maintenant à la cellule royale, et brisons-en l'enveloppe. Elle renferme toujours un couple unique, objet des soins les plus empressés, mais qui achète sa grandeur au prix d'une réclusion perpétuelle, car les portes et les fenêtres du palais, suffisantes pour laisser passer un ouvrier ou un soldat, sont trop étroites pour livrer passage au roi et plus encore à la reine. Celle-ci, toujours au centre de la chambre princière et reposant à plat, frappe tout d'abord les yeux de l'observateur. Qu'elle ressemble peu à ce gracieux insecte aux fines ailes, à la taille svelte, qui n'avait que trois à quatre fois la longueur et trente fois le poids d'un ouvrier! Ses ailes ont disparu; la tête et le corselet sont restés à peu près les mêmes; l'abdomen, au contraire, a pris un développement monstrueux, et tend à s'accroître

(1) Traduction littérale du mot *nurcery*, employé par Smeathman, et que j'ai rendu ailleurs par le mot de *couvoir*.

sans cesse. Dans une vieille femelle, il est deux mille fois plus gros que le reste du corps, et atteint jusqu'à 15 centimètres de long. Cette femelle pèse alors autant que trente mille ouvriers, et, grâce à cette obésité exagérée, les précautions prises pour prévenir la fuite sont parfaitement inutiles, car elle ne peut faire un seul pas. Quant au mâle, il a aussi perdu ses ailes, mais n'a d'ailleurs changé ni de dimensions ni de formes. Toutefois il use peu de sa faculté de locomotion, et, tapi d'ordinaire sous un des côtés du vaste abdomen de sa compagne, il se borne à remplir les fonctions de mari de la reine.

Les travailleurs et les soldats ont l'air de faire assez peu d'attention au roi; mais ils sont fort occupés de la reine. L'espace laissé libre autour de celle-ci est constamment rempli par quelques milliers de serviteurs empressés qui circulent autour d'elle en tournant toujours dans le même sens. Les uns lui donnent à manger, d'autres enlèvent les œufs qu'elle ne cesse de pondre, car ici, comme chez les abeilles, cette reine est avant tout la mère de ses sujets. Seulement, chez les termites, sa fécondité est vraiment merveilleuse, et n'était l'immensité du nombre de travailleurs que suppose l'accomplissement des travaux exécutés par une seule colonie, il serait difficile de croire aux détails que Smeathman assure avoir plusieurs fois vérifiés. Cet abdomen monstrueux semble n'être qu'un vaste ovaire dont les branches multipliées renferment un si grand nombre de germes en voie de développement, qu'il s'en trouve toujours un de mûr. A travers les tégumens amincis et devenus transparens, on voit ces canaux sans cesse animés de mouvemens de contraction, tantôt sur un point, tantôt sur un autre. Grâce à ce mécanisme, le termite femelle, sans même s'en apercevoir peut-être, pond au-delà de soixante œufs par minute, c'est-à-dire plus de quatre-vingt mille par jour, et Smeathman est porté à croire que cette ponte prodigieuse dure toute l'année avec la même activité!

Ces myriades d'œufs, promptement recueillis, sont portées dans les couvoirs, et il en sort bientôt autant de larves semblables aux ouvriers, mais beaucoup plus petites et d'un blanc de neige. Ces larves habitent encore pendant quelque temps les chambres où elles sont nées. Elles y sont l'objet de soins attentifs, et les murs mêmes qui les abritent semblent se changer en plates-bandes pour les nourrir. Grâce à la chaleur humide qui règne sans cesse au centre de la termitière, les cloisons de bois et de gomme qui forment les couvoirs se couvrent de champignons microscopiques assez semblables à nos mousserons, et les jeunes termites trouvent dans ces moisissures un aliment approprié à leurs premiers besoins. Ils subissent sans doute une première métamorphose et revêtent la forme d'ouvriers actifs ou de soldats. Les premiers seuls parviennent à l'état d'insectes parfaits. Vers la saison des pluies, il leur pousse des ailes, et par quelque soirée d'orage, mâles et femelles sortent par millions de leurs retraites souterraines; mais leur vie aérienne est de courte durée. Au bout de quelques heures, leurs ailes se flétrissent et se détachent. Dès le lendemain, la terre est jonchée de ces malheureux, et désormais incapables de fuir, ils sont la proie de mille ennemis qui guettent avec soin cette provende annuelle. Bien peu échappent au massacre. Quelques couples recueillis par des ouvriers, protégés par des soldats que le hasard a conduits auprès d'eux, rentrent dans leurs galeries, et deviennent d'ordinaire les souverains de leurs sauveurs. Bientôt cloîtrés pour toujours dans leur cellule royale, ils forment le noyau d'une nouvelle termitière, et n'ont plus qu'à songer à accroître le nombre de leurs sujets.

Tous les voyageurs parlent de peuples mangeurs de fourmis; c'est termites qu'il faudrait dire. On doit en effet compter l'homme lui-même parmi les ennemis qui épient chaque année l'émigration de ces insectes dans le but de s'en nourrir. Les Indiens enfument les termitières et arrêtent au passage les individus ailés dont ils hâtent ainsi la sortie. Moins industrieux, les Africains ne recueillent que ceux qui tombent dans les eaux voisines. Les premiers pétrissent ces insectes avec de la farine et en font une sorte de pâtisserie, les seconds se bornent à les torréfier, à peu près comme le café. Ils les mangent ainsi à pleines mains et les trouvent délicieux. Quelque étrange que puisse paraître cette nourriture, il paraît qu'elle a son mérite, même pour des palais européens. Les voyageurs s'accordent à parler des termites comme d'un mets agréable et comparent leur saveur à celle d'une moelle ou d'une crème sucrée. Smeathman les regarde comme un aliment délicat, nourrissant et sain (1). Il semble les préférer à ces fameux *vers palmistes* qui, dans les Indes, figurent sur les tables les plus somptueuses comme une délicieuse friandise (2).

Les termites neutres conservent pendant toute leur vie les caractères et les attributions qui leur ont valu le nom de soldats. Comptant à peine pour un centième dans la population des termitières, ils y constituent une classe à part, qu'un écrivain du dernier siècle n'eût pas manqué de comparer à la *noblesse* de ces monarchies, où

(1) Il paraît pourtant que l'abus de cette nourriture engendre des maladies graves, et entre autres une espèce de dyssenterie épidémique qui emporte les malades en trois ou quatre heures.

(2) Le ver palmiste, ainsi nommé du lieu où on le trouve, n'est autre chose que la larve d'une espèce de charançon appelée calandre des palmiers, parce que dans ses deux premiers états elle habite le tronc de ces arbres. Quelques naturalistes pensent que cette larve est la même que celle dont les Romains étaient si friands et qu'ils nourrissaient avec de la farine.

les larves auraient représenté les *roturiers*. En temps ordinaire, ils vivent oisifs, montant, pour ainsi dire, la garde à l'intérieur, ou se bornent à surveiller les travailleurs, sur lesquels ils exercent une autorité évidente. En temps de guerre, ils paient bravement de leur personne et meurent, s'il le faut, pour le salut commun. Au premier coup de pioche qui met à jour une galerie, on voit accourir la sentinelle la plus voisine. L'alarme se répand, et en un clin d'œil une foule de combattans couvrent la brèche, dardant en tout sens leur grosse tête, ouvrant et fermant avec bruit leurs tenailles. Ont-ils saisi un objet quelconque, rien ne leur fait lâcher prise : ils se laissent arracher les membres et le corps par morceaux sans desserrer leurs mâchoires. S'ils atteignent la main ou la jambe de leurs agresseurs, le sang jaillit aussitôt. Chaque termite en fait couler une quantité supérieure au poids de son propre corps. Aussi les nègres, privés de vêtemens, sont-ils bientôt mis en fuite, et les Européens ne sortent du combat qu'avec leurs pantalons largement tachés de sang.

Tout en soutenant la lutte, ces soldats frappent de temps à autre sur le sol avec leurs pinces, et les ouvriers répondent à ce signal bien connu par une sorte de sifflement. L'attaque est-elle suspendue? les maçons se montrent en foule, apportant tous une bouchée de terre toute prête. Chacun à son tour s'approche du point à réparer, y applique sa part de mortier et se retire, sans jamais gêner ou retarder ses compagnons. Aussi le nouveau mur avance-t-il rapidement sous les yeux de l'observateur. Pendant ce temps, les soldats sont rentrés, à l'exception d'un ou deux par mille travailleurs. L'un d'eux semble chargé de surveiller les travaux. Placé près du mur en construction, il tourne lentement la tête en tout sens, et chaque deux ou trois minutes frappe rapidement le dôme de ses pinces en produisant un bruit un peu plus fort que le balancier d'une montre. A chaque fois, on lui répond par un sifflement qui part de toutes les parties de l'édifice, et les ouvriers manifestent un redoublement d'activité. Si l'attaque recommence, en un clin d'œil les ouvriers disparaissent et les soldats sont à leurs postes; si, malgré leurs efforts, on continue à démolir le monticule, ils luttent sans relâche et défendent le terrain pouce à pouce. En même temps, les ouvriers sont à l'ouvrage, masquent les passages, murent les galeries et cherchent surtout à sauver leurs souverains. Dans cette intention, ils comblent au plus vite les salles de service, si bien qu'en arrivant au centre d'un monticule, Smeathman ne pouvait distinguer la cellule royale, perdue au milieu d'une masse informe d'argile. Mais le voisinage de ce palais se trahissait par la foule même des travailleurs et des soldats réunis tout autour et qui se laissaient écraser plutôt que d'abandonner la place. La cellule elle-même en renfermait toujours quelques milliers restés autour du couple royal et qui s'étaient fait murer avec lui. Smeathman les a toujours vus se laisser emporter avec ces objets de leur dévouement et continuer leur service en captivité, tournant sans cesse autour de la reine, lui donnant à manger, enlevant les œufs, et, faute de couvoirs, les empilant derrière quelque morceau d'argile ou dans un angle du bocal qui servait de prison.

Au reste, pour voir les termites, il faut presque toujours détruire leurs ouvrages. Le hasard peut bien faire rencontrer quelque colonie en train de changer de domicile, ainsi qu'il arriva à Smeathman, qui eut ainsi le plaisir de passer en revue une de leurs armées (1); mais en général ces insectes ne cheminent jamais à découvert. De chaque nid reposant au niveau ou au-dessous du sol, à quelque espèce qu'il appartienne, rayonnent en tout sens des galeries souterraines qui s'étendent au loin. Le termite des arbres lui-même construit un long tube qui arrive jusqu'à terre et sert de centre à ses chemins couverts. Toutes les espèces ont d'ailleurs les mêmes habitudes; leurs innombrables escouades sont incessamment en quête de quelque corps organique à dévorer, et cet instinct en fait pour l'homme des ennemis tellement redoutables, que Linné n'a pas hésité à les appeler le plus grand fléau des deux Indes (2). Invisibles à l'œil de ceux qu'ils menacent, les termites poussent leurs galeries jusqu'aux murs des habitations ou des magasins, descendent sous les fondemens et remontent à l'intérieur : dès lors ils sont maîtres de la place. Les uns s'en prennent aux boiseries, aux meubles, aux provisions de toute nature, d'autres creusent tout droit, attaquent les planchers et les toits; mais, toujours soigneux d'éviter la lumière, ils respectent avec grand soin la surface des objets attaqués et se contentent de les évider. Si la place leur semble bonne et qu'il y ait beaucoup à dévorer, ils apportent avec eux du mortier pour remplacer au fur et à mesure les parties ligneuses qu'ils ont détruites, et Smeathman a vu des poteaux de bois changés ainsi en colonnes de briques. Dans le cas contraire, ils prennent moins de précautions; alors l'œuvre de destruction marche avec une rapidité telle qu'en une seule saison une maison à l'européenne est ruinée de fond en comble, qu'un village de nègres a complétement disparu. On les a vus, dans une seule nuit, pénétrer par le pied d'une table, le traverser de bas en haut, atteindre la malle d'un ingénieur placée au-dessus, et en dévorer si complétement le contenu, que le lendemain on ne trouva pas un pouce de vêtement qui ne fût criblé de trous. Quant aux papiers,

(1) Cette espèce était différente de celles dont nous avons parlé jusqu'ici, et notre auteur lui donne le nom de *termite des routes*.

(2) « Termes utriusque Indiæ calamitas summa. » — *Systema Naturæ*.

plans et crayons du propriétaire, ils avaient disparu, y compris la mine de plomb.

Des diverses espèces de termites décrites par les naturalistes, deux seulement paraissent appartenir à l'Europe (1). Toutes deux sont exclusivement mineuses, et leurs nids, difficiles à découvrir, n'ont pu être étudiés comme ceux de leurs congénères, qui élèvent des édifices au-dessus du sol. Par la même raison, leurs habitudes d'intérieur sont assez peu connues; mais il n'est que trop facile de constater chez nos termites indigènes les instincts dévastateurs de leurs frères exotiques. En Sardaigne, en Espagne et dans le midi de la France, le *flavicolle* attaque les oliviers et d'autres arbres précieux. Dans la Gironde et les Landes, le *lucifuge* s'en prend aux chênes et aux sapins. Est-ce l'une de ces deux espèces qui, renonçant à la vie des champs et s'acclimatant dans nos villes, exerce aujourd'hui ses ravages à La Rochelle, à Rochefort, à Saintes et dans les contrées voisines? A vrai dire, malgré la réponse affirmative émise par quelques-uns de nos confrères les plus spéciaux, cette question nous semble au moins douteuse.

En effet, Latreille, qui fut un des pères de l'entomologie moderne, nous apprend que le termite lucifuge des environs de Bordeaux atteint l'état d'insecte parfait, prend des ailes et émigre dans le courant du mois de juin (2). D'autre part, un observateur bien moins célèbre sans doute, mais qui a étudié sur place les termites de Rochefort pendant près d'un demi-siècle, affirme que dans cette ville l'émigration a lieu au mois de mars, et que passé cette époque on ne rencontre plus de termites ailés (3). Pour qui connaît la précision des lois qui règlent le développement des êtres organisés, cette différence de deux mois entre les deux époques de la métamorphose suffirait à faire naître des doutes sur l'identité des espèces, et cela d'autant plus que dans le cas actuel c'est dans la région la plus méridionale que la métamorphose est le plus tardive. Si les observations de Latreille sur le lucifuge des Landes avaient été répétées et confirmées, si M. Blanchard n'avait pas trouvé des mâles ailés dans les termitières de La Rochelle au mois de septembre, le fait

(1) On est certainement loin de connaître toutes les espèces de termites qui habitent les deux continens, et la distinction de celles qui ont été décrites laisse encore à désirer. Toutefois les documens recueillis par divers auteurs permettent d'admettre qu'il existe au moins vingt-quatre espèces distinctes de ces insectes, dont neuf appartiennent à l'Afrique, neuf à l'Amérique, deux à l'Asie, deux à l'Europe. On ne connaît pas la patrie des deux autres. Les deux espèces européennes se trouvent en France, et nous verrons plus loin les raisons qui peuvent faire supposer que nous en possédons une troisième.

(2) *Nouveau Dictionnaire d'Histoire naturelle*, 1804.

(3) *Mémoire sur les Termites observés à Rochefort*, par M. Bobe-Moreau, ancien médecin en chef de la marine; Saintes, 1843.

que nous venons de rappeler nous semblerait à lui seul devoir résoudre presque la question.

D'autres faits, dont il faut bien tenir compte, viennent encore à l'encontre de l'opinion généralement adoptée. A moins de circonstances très exceptionnelles, on retrouve les mêmes instincts chez tous les représentans d'une même espèce animale. Chez les insectes en particulier, on ne peut admettre que ces instincts varient selon les localités et pour ainsi dire d'une colonie à l'autre. Or, en Provence et dans le Bordelais, les termites se tiennent dans la campagne, et bien loin de poursuivre l'homme dans les villes, ils respectent jusqu'à ses habitations rurales. S'il en était autrement, si dans la Gironde comme au Sénégal et dans la Charente-Inférieure les termites pénétraient dans les chais, rompaient les cercles des tonneaux et occasionnaient la perte des vins, certes les vignerons du Médoc n'auraient pas gardé le silence, et pourtant ils n'ont jamais, que je sache, élevé de plaintes à ce sujet. Or, depuis les temps historiques, les termites n'étaient pas plus dangereux en Saintonge que dans le Bordelais, quand tout à coup ils apparaissent au beau milieu de la ville de Rochefort, gagnent chaque jour du terrain, et dans l'espace d'un demi-siècle, envahissent successivement plusieurs autres villes où on ne les connaissait pas auparavant, infestent les jardins, atteignent les maisons isolées et menacent la contrée entière (1). Est-il probable que ces insectes soient de la même espèce que les lucifuges qui, conservant dans la Gironde leurs mœurs campagnardes, se seraient faits citadins en Saintonge (2)? N'est-il pas plus raisonnable d'admettre que le termite de Rochefort est une espèce nouvelle, au moins pour cette contrée, importée par quelque navire de commerce comme l'ont été certaines blattes (3) et venu on ne sait encore

(1) D'après M. Bobe-Moreau, c'est seulement en 1797 qu'on découvrit pour la première fois des termites à Rochefort, dans une maison située rue Royale et qui était restée longtemps inhabitée. Au moment de la découverte, la plus grande partie des bois de charpente, des boiseries, des meubles et de ce qu'ils contenaient, avait été détruite. Ils se répandirent ensuite dans les maisons voisines. En 1804, leurs progrès n'étaient pas encore bien grands, puisque Latreille se borne à mentionner *comme un ouï-dire* que le termite lucifuge « avait pendant quelques années inquiété les habitans de Rochefort, s'étant introduit dans leurs maisons. » En 1829, le même auteur tenait un bien autre langage et parlait des grands ravages exercés par cet insecte dans les ateliers et les magasins de la marine. — *Règne animal*, par Cuvier, 2e édition, t. V.

(2) M. Lucas a rencontré à Alger le lucifuge et le flavicolle. Il n'a trouvé le premier que dans les champs. Le second seul pénètre dans les habitations. Ainsi partout où le lucifuge a été observé dans son pays natal, il a montré des habitudes contraires à celles qu'on observe dans les termites de Rochefort.

(3) Deux espèces de blattes, aujourd'hui très communes chez nous, étaient inconnues des anciens. La *blatte orientale*, vulgairement appelée *noirat* ou *bête des boulangers*, paraît être venue du Levant; la *blatte américaine*, connue dans les colonies sous le nom

d'où, comme pour nous prouver que les voyageurs n'ont rien exagéré en parlant de ce fléau? Une comparaison rigoureuse d'insectes à tous les états et d'origine bien constatée permettra seule de résoudre ces questions (1).

Quoi qu'il en soit, La Rochelle a subi le sort de Rochefort, de Saintes, de Tonnay-Charente, et, en arrivant dans cette ville, je savais que j'y trouverais ces terribles petits mineurs. Je connaissais déjà ce dont ils sont capables. MM. Audouin, Milne Edwards et Blanchard avaient à diverses époques parcouru la Charente-Inférieure et rapporté au Muséum de Paris des preuves matérielles des dangers que ces ennemis si faibles en apparence font courir aux habitans de ces contrées. Ces savans avaient parlé des toitures et des planchers qui s'étaient écroulés à l'improviste, des maisons minées jusque dans leurs fondemens et qu'il avait fallu reconstruire ou abandonner. Je pus bientôt juger par moi-même de l'exactitude de leurs récits, bien que La Rochelle soit loin d'être aussi complétement envahie que les villes citées plus haut. Ici les termites n'occupent que la préfecture et l'arsenal (2), et parce que depuis quelques années ils n'ont pas fait de progrès bien marqués, les Rochelais semblent croire qu'ils respecteront toujours leurs limites actuelles. C'est certainement une erreur. Vienne une année quelque peu favorable au développement de ces insectes, et la ville entière peut être envahie en une seule saison. Alors les Rochelais déploreront, mais trop tard, l'imprudente sécurité qui leur fait négliger la recherche des moyens propres à détruire sur place ces ennemis, encore cantonnés aux deux extrémités de la ville.

La préfecture et quelques maisons voisines sont le principal

de *kakkerlac*, est passée de l'Amérique méridionale d'abord dans les parties chaudes de l'Asie et de l'Afrique, puis en Europe, où elle infeste la plupart des ports de mer. M. Duméril nous apprend qu'elle a été introduite vers 1802 seulement au Jardin des Plantes, où elle est arrivée dans des caisses de plantes. (*Dictionnaire des Sciences naturelles.*)

(1) M. Blanchard s'est déjà occupé de ce travail, et nous devons dire que les premiers résultats n'en sont pas favorables à notre opinion; mais les matériaux dont disposait notre confrère étaient loin d'être complets.

(2) Ce cantonnement des termites sur deux points parfaitement isolés et situés pour ainsi dire aux deux extrémités de la ville, l'absence de ces insectes dans toute la banlieue de La Rochelle, démontrent jusqu'à l'évidence qu'ils ne sont pas indigènes dans cette portion du département. Aussi M. Blanchard lui-même accepte-t-il l'importation pour La Rochelle. D'après une note que m'a remise M. Beltrémieux, cette importation aurait eu lieu vers 1780, époque à laquelle les frères Poupet, très riches armateurs, firent construire l'hôtel devenu la préfecture. Des ballots termités venus de Saint-Domingue auraient apporté les termites non-seulement à La Rochelle, mais aussi à Rochefort et sur quelques autres points où les frères Poupet avaient des magasins. Cette *tradition* s'accorderait assez bien avec la date donnée par M. Bobe-Moreau comme étant celle de la découverte des termites à Rochefort, et expliquerait également l'invasion progressive du département.

théâtre des ravages exercés par les termites. Ici la prise de possession est complète. Dans le jardin, on ne saurait planter un piquet ou laisser un morceau de planche sur une plate-bande sans les trouver attaqués vingt-quatre ou quarante-huit heures après. Les tuteurs donnés aux jeunes arbres sont rongés par le pied, les arbres eux-mêmes sont parfois minés jusqu'aux branches. Dans l'hôtel, appartemens et bureaux sont également envahis. J'ai vu au plafond d'une chambre à coucher récemment réparée des galeries semblables à des stalactites de plusieurs centimètres, qui venaient de s'y montrer le lendemain même du jour où les ouvriers avaient quitté la place. Dans les caves, j'ai retrouvé des galeries pareilles, tantôt à mi-chemin de la voûte au plancher (1), tantôt collées le long des murs et arrivant sans doute jusqu'aux greniers, car dans le grand escalier d'autres galeries partaient du rez-de-chaussée et atteignaient le second étage, tantôt s'enfonçant sous le plâtre quand celui-ci présentait assez d'épaisseur, tantôt reparaissant à nu quand les pierres étaient trop près de la surface. C'est que, pas plus que les autres espèces, le termite de La Rochelle ne travaille à découvert. Une vigilance incessante, parfois le hasard, peuvent seuls mettre sur ses traces et prévenir ses ravages. A l'époque du voyage de M. Audouin, on venait d'en acquérir une preuve curieuse. Un beau jour, les archives du département s'étaient trouvées détruites presque en totalité, et cela sans que la moindre trace du dégât parût au dehors. Les termites étaient arrivés aux cartons en minant les boiseries, puis ils avaient tout à leur aise mangé les papiers administratifs, respectant avec le plus grand soin la feuille supérieure et le bord des feuillets, si bien qu'un carton rempli seulement de détritus informes semblait renfermer des liasses en parfait état. Les bois les plus durs sont d'ailleurs attaqués de même. J'ai vu, dans l'escalier des bureaux, une poutre de chêne dans laquelle un employé faisant un faux pas avait enfoncé la main jusqu'au-dessus du poignet. L'intérieur, entièrement formé de cellules abandonnées, s'égrenait avec un grattoir, et la couche laissée intacte par les termites n'était guère plus épaisse qu'une feuille de papier.

Dès après mon arrivée, je cherchai à me procurer une certaine quantité de termites pour les observer à loisir, et grâce au docteur Garreau, l'un des membres de la Société d'histoire naturelle, j'en eus constamment sur ma table, bien entendu que les précautions

(1) MM. Edwards et Blanchard ont vu des galeries qui de la voûte des cours descendaient jusqu'à terre sans être soutenues. M. Bobe-Moreau cite plusieurs faits curieux de ces sortes de constructions. Il a vu, entre autres, des galeries isolées construites en arcades ou même jetées horizontalement à la façon d'un *pont tube* pour atteindre le papier de quelques flacons ou le contenu d'un pot de miel.

étaient prises pour éviter une évasion qui eût *termité* une maison, et par suite un quartier de plus. Je les tenais dans un bocal moins qu'à demi-plein; mes prisonniers ne pouvaient escalader ses parois de verre, et en les garantissant de la lumière, en les observant le soir ou les surprenant à l'improviste, j'ai pu suivre en détail les travaux qui leur firent transformer en une petite termitière l'amas confus de terreau et de débris au milieu desquels ils étaient ensevelis d'abord.

A peine le bocal était-il installé depuis quelques instans, que chacun chercha à se réunir à ses compagnons. Quelques-uns essayèrent de grimper le long des parois lisses de leur prison; mais, après quelques tentatives inutiles, ils s'enfoncèrent sous terre. La troupe entière fut bientôt dégagée, et je la vis partagée en petites bandes dans le fond du bocal, du côté le plus obscur. Au bout de quelques heures, ces groupes étaient réunis en un seul. A partir de ce moment, les travaux commencèrent et marchèrent avec ensemble. Le premier soin des termites fut d'établir autour du bocal une espèce de grande route, et comme les matériaux étaient très inégalement répartis, ils eurent à faire pour cela des déblais et des remblais. Les premiers étaient faciles; les seconds donnèrent plus de peine. Les ouvriers transportèrent d'abord une certaine quantité de terre destinée à élever suffisamment le sol, puis au-dessus ils installèrent une voûte. Je les voyais arriver à la suite les uns des autres, chacun portant entre ses mâchoires une petite masse de terre qu'il appliquait, sans presque s'arrêter, au bord saillant de l'ouvrage; puis il descendait par une espèce de rampe ménagée exprès, et rentrait sous terre par une galerie spéciale. Quelques-uns me semblèrent dégorger sur les matériaux déjà en place un liquide destiné sans doute à les consolider. Pendant tous ces travaux, les soldats me parurent jouer bien évidemment le rôle de chefs et de surveillans. Je les voyais en petit nombre mêlés aux ouvriers, toujours isolés et ne travaillant jamais eux-mêmes. Par moment, ils faisaient avec le corps entier une sorte de trémoussement et frappaient le sol de leurs pinces; aussitôt tous les ouvriers voisins exécutaient le même mouvement et redoublaient d'activité. En vingt heures, la galerie circulaire se trouva en état de servir; il est vrai que les parois du bocal en formaient presque la moitié. En même temps le terrain avait été consolidé, sa surface aplanie, et un bouchon que j'y avais déposé était à moitié enterré. Je leur en donnai alors trois autres; j'y ajoutai successivement une boule de papier très serrée et une grosse boule de mie de pain. Ces divers matériaux restèrent exactement dans la position résultant du hasard de leur chute, et je crus d'abord qu'ils étaient dédaignés par les termites; mais, ayant renversé le bocal sens dessus dessous au bout de quelques jours, ils restèrent tous en place malgré leur poids.

Ils avaient été soudés l'un à l'autre, et je pus reconnaître plus tard, en les ouvrant, que les insectes y avaient percé plus d'une galerie, bien que ce travail de soudure et d'érosion fût parfaitement inappréciable à l'extérieur.

Le travail de mes prisonniers me parut marcher d'abord sans discontinuité; il se ralentit lorsque les gros ouvrages furent terminés. Au reste, peu de jours leur suffirent pour achever la termitière. A cette époque, mon grand bouchon était presque entièrement enterré, et le terreau avait été élevé au niveau des deux autres. Toute la surface du sol était unie, sans ouverture apparente, et le terreau, qui au commencement de l'expérience était aussi mobile que du sable fin, avait été si bien consolidé, qu'il s'en détachait à peine quelques parcelles lorsqu'on renversait le bocal. Sous cette espèce de croûte, et tout à fait dans le bas, régnait tout autour du bocal une galerie large de 1 centimètre et haute de 1 centimètre et demi environ (1), en forme de demi-voûte, appuyée contre les parois transparentes du verre. Plusieurs ouvertures partaient de ce chemin de ronde et donnaient accès dans des chambres à voûtes surbaissées assez spacieuses pour contenir trente à quarante ouvriers. Celles-ci communiquaient avec d'autres appartemens intérieurs par des portes très basses où cinq ou six ouvriers pouvaient passer de front. Une fois le travail mené à fin, les termites se tinrent tranquilles, au moins pendant le jour. Je les trouvais d'ordinaire groupés dans le point le plus obscur de la grande galerie ou dans les chambres voisines, tandis que quelques soldats isolés semblaient parfois monter la garde à l'entrée des chambres vides; mais aussitôt que la lumière les frappait, il se manifestait une vive agitation. Ouvriers et soldats exécutaient à l'envi le singulier trémoussement dont j'ai parlé plus haut, et en quelques secondes tous avaient disparu dans les chambres du centre, où ne pouvaient les atteindre ces rayons importuns.

La curiosité seule ne me guidait pas dans ces observations. En étudiant de plus près les mœurs des termites, en cherchant à me rendre compte de la construction des termitières, je voulais surtout arriver à découvrir les moyens de combattre des ennemis que leur nombre et leur petitesse même semblaient avoir rendus invincibles. MM. Audouin, Milne Edwards, Blanchard, Lucas, n'avaient fait que passer, et n'avaient pu par conséquent aborder ce problème; mais bien d'autres avaient essayé de le résoudre. Les arrosages à l'eau de goudron, les labours profonds et fréquens, les fossés circulaires

(1) Comme les termites de La Rochelle sont bien plus petits que le *belliqueux* observé par Smeathman, ces dimensions correspondent à peu près à ce que serait pour nous une galerie circulaire longue d'environ 120 mètres, large de plus de 4 mètres, et haute de 6 à 7 mètres.

creusés autour du tronc, ont été employés pour protéger les jardins et les arbres fruitiers; l'essence de térébenthine, l'arsenic en poudre, ont été vantés comme devant faire périr les insectes réunis dans une termitière, et un voyageur assure que cette dernière substance réussit parfaitement à la Martinique (1). Malheureusement ces divers procédés se sont toujours montrés impuissans en Saintonge, et quant aux injections de lessive bouillante employées plus récemment, elles sont évidemment inapplicables dans la plupart des cas (2). MM. Fleuriau et Sauvé avaient aussi tenté de détruire la colonie installée à la préfecture de La Rochelle. Après un certain nombre d'essais infructueux, ils imaginèrent d'appeler à leur secours des auxiliaires, et d'employer les fourmis à combattre les termites. L'application de cette idée ingénieuse aurait bien eu quelques inconvéniens : on aurait remplacé un insecte rongeur par un autre; mais en somme le remède aurait valu beaucoup mieux que le mal, et il est à regretter que le succès n'ait pas couronné les tentatives des savans rochelais. Ils réunirent dans un même bocal un nombre à peu près égal de ces deux espèces d'insectes. La bataille commença sur-le-champ, et il fut bientôt facile d'en prévoir l'issue. Les termites faisaient des blessures bien plus profondes; les soldats surtout, d'un seul coup de leurs terribles pinces, coupaient les fourmis en deux comme avec des ciseaux. En peu de temps, celles-ci furent exterminées, tandis que les termites ne comptèrent d'abord qu'un assez petit nombre de morts. Pourtant, le lendemain, près de la moitié avait péri, tués très probablement par l'acide que sécrètent les fourmis, et qui avait empoisonné les moindres blessures.

Malgré les insuccès de mes prédécesseurs, je ne désespérais pas d'atteindre les termites. Je comptais pour cela sur quelqu'un de ces poisons gazeux que prépare la chimie, et qui par suite de leur nature même peuvent pénétrer dans les réduits les plus étroits. J'avais entendu un des fondateurs de la science moderne raconter comment il était venu à bout d'exterminer les souris qui, malgré les piéges de tout genre, infestaient sa maison. Après avoir fermé avec soin les trous percés par ces petits mammifères, M. Thénard avait adapté à l'un d'eux un appareil dégageant de l'hydrogène sulfuré, et les souris ainsi emprisonnées, ne pouvant respirer que de l'air vicié, étaient mortes empoisonnées. Par suite du mode de respiration spécial des

(1) Chanvallon, *Voyage à la Martinique*.

(2) Mme George, qui s'occupe d'histoire naturelle et surtout de botanique avec une ardeur fort rare chez une femme, a annoncé à la Société d'histoire naturelle de La Rochelle qu'elle était parvenue par ce moyen à chasser les termites de son jardin. Mme George regarde le termite qui a envahi sa propriété comme étant le *termite à nez*, espèce commune à la Jamaïque.

insectes, les termites devaient bien plus encore que les souris être sensibles à l'action d'un gaz délétère (1). Pour que ce procédé des injections gazeuses leur devînt applicable, deux conditions suffisaient. Il fallait que leurs édifices présentassent un ensemble continu de galeries et de chambres pour que le gaz pût pénétrer partout : mes observations ne me laissaient aucun doute à ce sujet. Il fallait ensuite trouver un gaz aussi dangereux pour ces insectes que l'hydrogène sulfuré l'avait été pour les souris, et ici des expériences directes devenaient nécessaires. Un grand nombre de substances, qui sont pour l'homme et les autres vertébrés d'énergiques poisons, n'agissent que faiblement sur les invertébrés, et en particulier sur les insectes. L'hydrogène sulfuré, si heureusement employé par M. Thénard, est de ce nombre : il fallait donc le remplacer. Grâce à M. Robillard, pharmacien en chef de l'hôpital militaire, le laboratoire de cet établissement fut mis à ma disposition. Des termites fraîchement recueillis y furent installés dans des bocaux que, par surcroît de précaution, on plaçait dans de larges vases pleins d'eau; divers gaz furent essayés, et parmi eux le chlore surtout répondit pleinement à mes espérances. Les termites les plus vigoureux plongés dans ce gaz presque pur tombent comme foudroyés au moment même du contact. Laissés pendant une demi-heure dans de l'air mêlé d'un dixième de chlore seulement, ils sont complétement asphyxiés. Des expériences répétées de diverses manières, et dans lesquelles je tâchai d'imiter autant que possible la disposition des bois termités, donnèrent des résultats tout aussi décisifs, tout aussi satisfaisans. Ainsi, pour détruire la termitière la plus étendue, il suffira d'y injecter une quantité suffisante de chlore dégagé par un ou plusieurs appareils.

Est-ce à dire que le problème ramené à ces termes si simples ne présentera plus de difficultés? Nous sommes loin de le prétendre. Dans toutes les questions de ce genre, aux recherches de la science, qui donnent ce qu'on pourrait appeler la solution théorique, doivent succéder les tâtonnemens de la pratique, qui seuls assurent l'application usuelle. A ce point de vue, de nouveaux problèmes surgiront pour chaque cas particulier. S'il s'agit d'attaquer une espèce exclusivement mineuse, une exploration exacte des lieux sera d'abord nécessaire pour découvrir le point de départ des mille galeries suivies par les termites; puis il faudra déterminer le lieu d'application des appareils, afin que le gaz pénètre sans trop d'obstacles au milieu

(1) On sait que chez les insectes la respiration se fait non point par des *poumons*, c'est-à-dire par un organe circonscrit, mais par des *trachées* ou canaux ramifiés, qui vont porter l'air dans toutes les parties du corps. On comprend que chez ces animaux un poison gazeux, porté à la fois dans tout l'organisme, doit, toutes choses égales d'ailleurs, agir avec une bien plus grande énergie.

même de la termitière. Peut-être les insectes menacés se défendront-ils, comme ceux du Sénégal, en murant les passages donnant entrée au gaz délétère, et alors il faudra déployer une promptitude de manœuvres seule capable de les prévenir. Peut-être faudra-t-il dégager le gaz sous une pression assez considérable pour qu'il puisse pénétrer dans toute l'étendue des travaux. Peut-être, en dépit de toutes les précautions, les premières tentatives échoueront-elles, même sur des colonies isolées comme celles de La Rochelle. Peut-être enfin ou plutôt à coup sûr, dans les villes généralement infestées, comme Saintes ou Rochefort, faudra-t-il lutter, après un premier succès, contre des invasions nouvelles, et recommencer de temps à autre tout un ensemble de recherches et d'opérations; mais est-ce à la première campagne que le cultivateur se délivre à jamais du chiendent ou de l'ivraie? Lui aussi n'a-t-il pas besoin d'activité et de persévérance pour sauvegarder ses moissons? Nous n'en demandons pas davantage aux propriétaires de maisons ou de champs termités, et à ce prix, mais à ce prix seulement, nous leur garantissons le succès.

www.ingramcontent.com/pod-product-compliance
Ingram Content Group UK Ltd.
Pitfield, Milton Keynes, MK11 3LW, UK
UKHW020422230726
13925UKWH00004B/1571